高井 研

生命はなぜ生まれたのか

地球生物の起源の謎に迫る

GS 幻冬舎

JN263256

生命はなぜ生まれたのか／目次

第1章 生命の起源を探る、深海への旅

春うららかなインド洋上で

２００９年10月から11月にかけて、私は南半球のインド洋上にいた。南緯18～20度といえば北半球では南硫黄島の遥か南、北マリアナ諸島ぐらいの熱帯に位置する場所である。季節としてはちょうど桜満開入学式ぐらい、春爛漫を迎えたころで、穏やかで暖かな日差しの下、最高に気持ちのいいクルージング日和である。そう、アレ。インド洋航海特有のあの「天気晴朗なれど、うねり高し」によるおぞましい揺れさえなければ……。

ほろ酔いの船酔いはさておき、インド洋上にいるにはわけがある。

私は、インド洋の深海にそびえ立つ海底山脈、中央インド洋海嶺のところどころに湧き出す海底の温泉「深海熱水活動域」の調査のため、深海調査船「よこすか」の船尾に隠されている日本の誇る深海潜水艇「しんかい６５００」に乗るのだ。

私がインド洋の深海熱水活動域の潜航調査にやってきたのは２００２年、２００６年に続いて今回が３回目である。もちろん研究調査の目的は毎回少しずつ違ってはいるのだが、最も根底にある目的としてはあまり変わっていない。中央インド洋海嶺の深海熱水活動域に「この地球で最初に繁栄したであろう、最古の生態系の面影を最も色濃く残した現存する微生物の共同体（群集）とそれを取り巻く環境が存在し、今なお原始の営みを続けていること」、それを証明し、その成り立ちを明らかにするためである。

そして、その成り立ちを理解することによって、約40億年前の深海に誕生した我々人間を始めとする地球に生きるすべての生命、さらには既にその種と遺伝子と機能を絶やしてしまった地球に生まれ滅んだすべての生命の最初の繫《つな》がり（持続的な生命共同体）を世界で最も美しく（最も論理的飛躍や矛盾の少ないかたちで）表現したいのだ。

船舶会社並みのJAMSTEC

日本の大学や研究機関のいくつかには、研究調査船を所有する部門や機関がある。多くの場合は、研究・教育両面のための研究調査船であり、また多くの場合はあまり遠くに出かける目的ではなく、沿岸域の調査目的の小さな船が多い。私の出身である京都大学にも舞鶴水産実験所に水産学研究や教育のために緑洋丸という船があった。今ネットで調べてみると総トン数18トンとあるから、もう限りなく沿岸漁業船に近い船であったかと驚く。

ところが私の属するＪＡＭＳＴＥＣ（独立行政法人海洋研究開発機構）の研究調査はス

ケールが違う。

まず所有する船が8隻で、どこの船舶会社ですか、という規模である。所有最大調査船は、戦艦大和並みの偉容を誇る地球深部探査船「ちきゅう」で、総トン数は約5万7000トン。緑洋丸なら3172隻分に相当する。

ちなみに、この「ちきゅう」は30人近くの研究者が乗船でき、しかもほぼ全室個室。食事も一日最大4食もありつけるという超巨大研究調査船である。

私自身、2010年9月から10月にかけて、1か月以上にわたる「沖縄熱水直下微生物圏掘削―1」というプロジェクトの共同首席研究者として、この「ちきゅう」を存分に体感した。この研究プロジェクトを行うまで、「ちきゅう」なんて図体のでかい「ウドの大木」とバカにしていたのだが、実際はすごい能力と快適さを秘めているのに驚いた。1000メートル以上の深海の直径3メートルほどしかない熱水噴出マウンドのど真ん中にホールインワンを決められる位置保持能力、最新かつ多様な掘削テクノロジー、台風が近づいても、コンピューターを何時間も見続けても船酔いしない船体安定性、ヘリデッキや櫓《やぐら》から見る素晴らしい展望、一日4食もありつける豪華な食事、船室のベッドの広さ等々、かつてない極めて快適かつ効率的な研究を可能にする調査船である。ただし、掘削や研究作業は24時間態勢（12時間交代制）で進むので、疲労度もハンパではない。さすがに1か月後航海終了時には、燃え尽きて「真っ白な灰」のような状態になってしまったが。

「ちきゅう」は別格としても、JAMSTEC所有のほとんどの研究調査船は、外洋の調査が可能で、数日から数週間以上の長期の研究調査を遂行できる能力、装備、態勢が整えられている。

私はよくこれらの研究調査船に乗り込み、深海底の熱水活動域や「冷湧水」と呼ばれる熱以外の物理的要因による流体の湧き出し現象の現れる海底、あるいは海溝や海山の海底を調査する。

海の底にある、暗黒の生態系

これらの深海底には、熱水や冷湧水といった水の流れによって、マントルや地殻の中に存在する地球内部のエネルギー（高温のマグマから発生する二酸化炭素や一酸化炭素、硫化水素、メタン、水素、あるいは地震や断層活動によって生じる水素や二酸化炭素、及びそれから派生するメタンや硫化水素といった還元的化学物質）が海底にもたらされる場所がある。

そしてその海底の地下からもたらされる「地球内部エネルギー」を「太陽エネルギー」に代わるエネルギー源として利用する微生物（この言い方には語弊があり、進化的に言えば、本当は地球内部エネルギーの代わりに太陽エネルギーを使い始めたのであるが……）や、それに付随した奇妙な動物たちの生態系が広がっている。

これらの生態系を私は「暗黒の生態系」と呼んでいる。

光り輝く地球の表層環境で、有り余るほどの太陽エネルギーの恩恵を存分に甘受した光合成生物の一次生産（二酸化炭素のような無機炭素を有機物に変換する生物活動）に支えられた「光の生態系」に対する表現であり、決してネガティブな意味で、暗黒と呼んでいるわけではない。むしろこの暗黒の生態系こそ、この地球を生命に満ちあふれる、宇宙でも希有な惑星に作り上げたまさに縁の下の力持ちであったのだ。

のちほどじっくりと述べるが、ほぼ46億年の歴史を持つ地球に生命が誕生したのはおよそ40億年前であり、太陽光を利用してエネルギーを獲得できるエネルギーシステム（代謝）を生命が獲得したのは、現存する科学的証拠からどうがんばって見積もっても35億年前である。またその光合成生物が、地球のあらゆる表層環境に進出し、地球規模の生態系を支えるに足る役割を果たすようになったと考えられるのは30億年前程度と考えられる。

つまり、この地球で最初に誕生した持続的な生命を支えたエネルギーは、間違いなくこの地球内部エネルギーであり、その後5億〜10億年という途方もない長い時間その生命活動を支え続け、地球の隅々に暗黒の生態系をはびこらせたのだ。

そして、その30億年前より古い地球に君臨した暗黒の生態系は、今なお地球の深海や地下、海底下にひっそりと生き続けている。その現在の地球に生きる暗黒の生態系やその一次生産者たる化学合成微生物の生き様やエネルギー獲得のメカニズムには、最古の持続的生命やその後の暗黒の生態系が持っていたと考えられる性質や特徴が色濃く残されている。

私が深海へ旅する理由、それは「暗黒の生態系」を理解するためなのだ。

そして「暗黒の生態系」の姿や成り立ち、あるいはその地球史における普遍性や特異性は、地球そのものの進化と強くリンクするものである。ゆえに、私は「生命の起源と初期進化の場とその成り立ち」に対して唾を飛ばしながら熱く語るのだ。また「暗黒の生態系」の姿や成り立ちの本質は、地球という惑星に限った局所空間的なものではなく、宇宙共通的な原理として捉えることができる。そこに「宇宙共通原理としての生物学：アストロバイオロジー」への広がりを感じざるを得ないのだ。

とはいえ告白すると、私は実は毎日40億年前の太古の地球のことばかり考えて研究しているわけではない。どちらかというと今現在の地球の深海底で生きている微生物の世界を主な対象として研究しているのである。

普段は顕微鏡でしか見えないチンケな生き物をいそいそと世話し、ピクピク動くのをニマーと眺め、その微生物たちに「ほれほれ、根性出して分裂しろやーお前」とか気合いを入れて、煮えたぎるお湯（高温）や物理的圧迫（高水圧）を与え生死の限界に挑戦させ、微生物に食べさせる餌（エネルギー源や炭素・窒素源）を作るために地殻やマントルの石を煮込んで出汁《だし》を取ったり（熱水再現実験）しているのである。

また時には、それらの「やっぱり生き物の生活している環境を体感しないとね」って、船に乗って自分の目で見に行く。さらに激白してしまうと、船に乗っている時でも、調査ができない天候・海況の時は、短パン一丁で日光浴しながらぼーっと海を眺め、「今日の晩ご飯はなんやろ。船酔いで食欲減退中ですからあっさりしたもの食いたいー」とか、「うっひょー『白い巨塔』ビデオ全巻制覇、次『24-TWENTY FOUR』シリーズね」とか、のんびりと船上生活の退屈さを堪能しているのである。

「よこすか」での船上生活

ここで、JAMSTECの深海調査研究航海の日常生活を垣間見てもらおう。例として2009年の「しんかい6500」を載せた「よこすか」(図1-1)航海の一部を紹介する。

この時は2009年10月9日に、モーリシャスのポートルイスを出港し、20日間中央インド洋海嶺の新しい深海熱水活動域の潜航探査を行い、10月29日に一旦ポートルイスへ帰港した(レグ1)。そこで、研究者チームの交代があり、新チームを乗せて、再び11月2日にポートルイスを出港し、16日間中央インド洋海嶺の「かいれいフィールド」と「エドモンドフィールド」と呼ばれる以前に発見された深海熱水活動域の潜航調査研究を行った後、11月18日に再びポートルイスに帰港するというスケジュールであった(レグ2)。

私は幸運にも、レグ1及びレグ2どちらにも連続乗船するメンバーに選ばれていて、結局36日間インド洋上で船上生活したことになる。これは私の経験上、2番目の長期航海にランクされる。

「よこすか」が旅情溢れる港を出ると、大体数時間は自由時間で、研究者は遠く離れてゆく陸地を惜しみ、迫り来る三百六十度、一面の青い海という閉鎖空間での生活の覚悟を決める。ここで、船酔いを全くしない感性が鈍すぎる「欠陥的人間」と、それなりに感受性

©JAMSTEC

図1-1●「しんかい6500」を搭載した「よこすか」。深海底表層-断層地形地質構造を解明するための様々な機能を持つ。

豊かな、普通であればちょっとは気分が悪くなるかもしれないけどすぐ慣れる「常識的人間」、もう船が港に着いている段階でダウンしている「陸上適応生物」に分かれる。

多くの人は、程度の差はあれ、「常識的人間」であり、時々「欠陥的人間」がいる。この欠陥的人間は、大抵陸上にいる時から感受性の鈍い人が多いように思う。

出港当日の夕飯前には、航海の安全と成功を祈願して金比羅さんにお参りする。

ブリッジの脇に金比羅《こんぴら》さんが祀ってあるので、乗組員、しんかい6500オペレーションチーム、研究者が集合し、船長（キャプテン）、司令（運航チームリーダー）、首席研究者（乗船研究チームのリーダー）が代表でお祈りをする。

さてここで余談だが、右に挙げた3人の意思決定権はどういう順位で優先されるのかわかるだろうか？　もちろん、運航母体の違いによって様々なローカルルールがあるとは思うが、基本的には、船長、司令、首席研究者の順だ。ただしその序列格差は、日本の場合は結構大きいかなと思える。

しかし指令系統に自由意見を挟む余地があると危険性が見過ごされる可能性が出てくる。そういう意味では、JAMSTECの研究調査船というのは、公的な機関の有する社会的責任の中で、研究への情熱を最大限尊重しながらもその暴走を抑える必要がどうしてもあり、ソフト面としては（もちろん船舶や潜水艇や潜水機のスペックとしてのハード面でも）極めて安全なシステムが作り上げられてきたし、今なおその模索が続いているのである。

続く初日の夕飯、風呂、睡眠の日常パターンが確立されると、ほぼ船内生活適応ができる。ちなみに多くの場合は、社会的地位及び年功序列によって個室があてがわれてゆく（あてがうのは首席研究者）。学生さんはいわゆる「雑魚部屋」と呼ばれる2段ベッドが二つの窮屈な部屋に押し込められる率が高いが、「よこすか」は最も窮屈でも2人相部屋であり、「かいれい」に至っては小さいながら個室型なので、新しい船ほど船内居住環境は良くなっている。

今回のインド洋航海は、研究者が「しんかい６５００」に乗り込み、実際に海底に潜航し、観察・試料採取を行う研究調査であるので、「しんかい６５００」での潜航が一大イベントであろう。

有人潜水艇での潜航調査は、かつては宇宙飛行士による宇宙体験以上に狭き門と言われたぐらい、貴重な機会である（現在、有人潜水艇を所有し運行している国は、アメリカ、フランス、ロシア、日本のみであり、しかも年々有人潜水艇の運航回数が減少している傾向にあるので、おそらく現在でもそうであろう）。

となると、船上待機組が必ず出ることになる。潜航組と待機組を分ける一線は、ひとえに首席研究者の胸三寸にある。みんな「潜りたい」に決まっている。潜航者を決めるミーティングなどでは、レギュラー発表を待つ高校球児のように、あるいはエベレスト登頂アタック隊の発表を待つ登山隊員のように、結構ドキドキしているようだ。

実は、私はよほどのことがない限り、それほどこだわりがないタイプである。結構な回数潜っているのと、ヘビースモーカーなのでたばこが吸えないのが結構辛いのと、「しんかい6500」が海面で浮いている間の揺れがあまり好きじゃないのと、船上実験や試料処理が大好きでその準備を入念にしたい等、潜っても潜らなくてもどっちにしろ楽しいのだ。

「しんかい6500」に乗り込む前の注意点

私は今回、海況不良のため予定していた潜航調査が次々にキャンセルされていったレグ1の最終潜航の観察者に選ばれた。

この潜航は、その前日に曳航カメラという深海底まで吊り降ろしたカメラで見つけた中央インド洋海嶺の4番目の深海熱水活動域（1、3、4番はすべて日本人が見つけた）を、初めて人間が直接観察・試料採取するラストチャンスであった。しかも潜航できるかできないかは五分五分、潜航したとしてもいつ浮上命令がくるかもしれない絶体絶命の潜航であった。私の潜航調査経験を通じて、初めて「失敗は許されない」と感じた潜航であったし、なによりも「もしかするとアレが見つかるかも、いやそれどころかアレどころじゃない奴がいるかも」という興奮で心臓がバクバクしたのが忘れられない。

潜航当日、いつもより早くに目が覚める。すでにちょっと緊張モードである。朝ご飯も、いつもより少なめ、飲み物も若干セーブ気味。なぜって、8時間程度、直径2メートルの球空間に閉じ込められる潜航では、お腹の調子が極めて重大であるからだ。だから前日からの「ご利用は計画的に」は重要なのだ。女性研究者は必ずトイレ小も我慢するし、男性研究者の多くもそうらしい。しかし、トイレ小は最悪簡易トイレパックがあるから、よしとしよう。

問題は「大」である。一応「しんかい6500」の船内には、それなりの備えはあるらしい。しかし、いくら備えはあるからといって、酸素‐二酸化炭素交換システムがあるからといって、音、臭いはごまかせない。行為自体が末代までの恥である。私が武士なら「しんかい6500」が母船に回収されるやいなやその場で「介錯をお願いするでござる」って言いたくなるだろう。とにかく潜航者は、搭乗前はその恐怖と闘っているのである。「しんかい6500」には、海況がよければ朝9時前に最後の打ち合わせをして、最後のトイレに行ってから、搭乗する。

冷静に、冷静に。やることをちゃんと復習しないと。

そう思いながら、「しんかい6500」に乗り込む。先ほど直径2メートルと書いたが、実際は大量の機器類が装備されているからスペースの直径は1・5メートル程度である。

狭い。お決まりの左側の収まりの悪い位置に半寝状態で静かにアメをなめる（アメをなめたり、ガムを噛むとわずかに船酔いしにくくなる。その生理機構は調べたことはないが……）。

その間、正副パイロットの間ではテンポのいい潜航前最終機器チェックが行われる。これを聞いているのは大好きである。これぞ「プロフェッショナル 仕事の流儀」という感じである。

後部操舵室や総合司令室との無線のやり取りもかっこいい。「しんかい6500」がクレーンで吊り下げられる。私はだまーって目を閉じている。何を考えているかって？ 何も考えていない。ただ無心である。試合前のプロスポーツ選手と同じである。ただこれから始まる研究のための潜航を静かに待っているのである。「しんかい6500」が海面に降ろされて海水に浸かると大きく揺れ始める。あとは船と「しんかい6500」を繋いでいる吊り下げ索をスイマー達に外してもらうだけである（図1-2）。

「よこすか、しんかい。これより潜航を開始する」。

パイロットの無線連絡が終わるとバラストタンクが開いて、タンクに海水が入ってくる。海水が入ると浮力がなくなり、「しんかい6500」はゆっくり青い海に飲み込まれてゆ

図1-2●「よこすか」と綱索で結ばれる「しんかい6500」。潜航前に綱索を外し、潜航後に綱索を結ぶのは、ダイバーによる手作業である。それゆえ海況が、潜航できるかできないかを決める、最も重要な要因となる。淡路俊作氏撮影。

く。最初だけ、落下の感覚を覚える。しかし急に「しんかい6500」は静かになり、あとは静寂な深海への沈降だけである。

最初のころは「しんかい6500」が潜っていく間、怖かったのを覚えている。「今、ピシッという音がしてチタン殻が割れたら一瞬でペシャンコになって死ぬな」とか「しんかい6500なんだから今日潜るのは2000メートルだしかなり安全率は高いよな」とか思いながら、深度計の数字が大きくなっていくのを「早く海底に到着しろ」と思って眺めていた。海底に着いてしまえば、その景色を眺めているうちに、さっきまでの怖さはもうどこかに行ってしまうのである。

小さな生き物がうごめく、深海底

海底に100メートルぐらいの深さまで近づくと、目的地から少し離れた場所で、「しんかい6500」を沈めていた700キログらいの重り（鉄板）を切り離す。そうすると「しんかい6500」の浮力と重力が釣り合うように計算されており、「しんかい6500」はふわりと静止し、「中性トリム」という状態を作る。それが整うと、水平及び鉛直方向のプロペラを回して、まるでヘリコプターのように深海を自由自在に動き回れるのだ。

通常の潜航では、目的地とは離れたなんの変哲もない海底に一旦着底し、海流や温度などの条件を見定めてから目的地に向かうことになる。

このようななんの変哲もない深海底というのは、一見本当に何もない深海底である場合がほとんどである。私が文学者であれば、「あるのは深い闇と静けさだけであった」と表現したくなるであろう。

しかし、私は地球生物学者というよくわからない肩書きを標榜してはいるものの、一応流れる血の半分は生物学者なので、海底の泥にポコポコ小さな孔がたくさん開いているのを見つけて、「結構ゴカイのようなベントスがいる」「ナマコのようなものが這った跡が多い」「ごろごろとした岩石の隙間に小さなエビのような動物がいる」とか「ウミシダやカイメンは流れが激しいところにいる」とか、深海底もよく見れば小さな生き物がうごめく世界であることに軽く驚嘆する。

それは私が、それらのなんの変哲もない静かな深海底の生物達、あるいはその海底の微生物が、実は「光の届かない深海」で、ゆっくり沈んでくる「光によって作られた有機物（栄養）」によって生きながらえていることを知っているからで、そして想像以上に「光の生態系」の影響が地球の深くにまで及んでいることを感じるからである。ただし、その感傷は、私の目的地である深海熱水活動域に近づくと吹き飛ぶ。

深海熱水活動域の周辺になると、まず郊外型住宅地ならぬ、周辺型生物がわらわらと姿を現してくる。例えば、中央インド洋海嶺の「かいれいフィールド」ならば白いイソギンチャク、沖縄トラフ伊平屋北フィールドならば貝殻と白く変色した岩や海底、今回の潜航では白いバイガイと岩肌に密生したシンカイミョウガガイである。

そしてその「周辺型生物の密度がだんだん増えてきたな」と思ったら、大抵パイロットが「あー（熱水が）噴いてる、噴いてる」とつぶやいたり、叫んだりするものなのだ。後は、「しんかい6500」の三つの窓から見えるすべての方向に、多種多様な深海熱水生物が異様な高密度で現れる。それはまるで都会の中心の摩天楼のような光景である。

この静かな周辺の海底から深海熱水活動域への潜航の感覚は、アメリカ西部をドライブする感覚に似ている。何もない広い砂漠や荒野のドライブを経て、急にきらびやかな都会の摩天楼が現れる、あの感覚である。もしくは、私は経験したことがないが、砂漠を旅してオアシスに近づく感覚に近いかもしれない。

しかし深海熱水活動域での生物の多様性や密度は、「暗黒の生態系」の中でも飛び抜けて豊かな楽園であり、しかも、その生物達の姿は「光の生態系」では見かけないような奇《き》天烈《てれつ》かつ個性的なものが多い。それはオアシスという静かな言葉の持つイメージでは的確ではなく、まさに砂漠のど真ん中の絢爛都市ラスベガスという感じである。

深海熱水活動の発見とその歴史

今回の潜航で調査したのは、先ほど述べたように中央インド洋海嶺の南緯19度付近に存在するインド洋4番目の熱水活動域であった。そして、私が最初に「地球最古の持続的な生態系の生き残り」を発見したのも、インド洋の「かいれいフィールド」であった。

なぜ「遠く離れたインド洋にわざわざ深海熱水を探しに行くのか」という問いには、少し説明が必要である。

深海熱水活動の研究の歴史は、一般的にジョン・コーリスらが1979年にサイエンス誌に「ガラパゴスリフト（rift：裂け目）の海底温泉」という控えめな題の論文を発表した時から始まるとされている。

確かにこの論文が、世界で初めて深海底に存在する熱水活動の直接証拠を報告したものであるのは間違いない。ただし、少し見方を変えると、いや本当の始まりはもっと前だとか、真の高温熱水活動の発見は翌年（1980年）フレッド・スピースらがサイエンス誌に発表した「東太平洋海膨：温泉と地球物理実験」ではないかという説もある。

　とはいえコーリスらの論文のインパクトは、実は熱水活動そのものより、その深海熱水活動域に前述したような「超あり得ない」ぐらい高密度に生息する「奇妙な生物群集」を初めて発見したことにあった。それまで深海底というのは、ほとんど生命が存在しない闇の世界だと考えられてきたからである。

　しかし一旦深海熱水活動がガラパゴスリフトで見つかり、すぐさま東太平洋海膨でも発見されると、当然、地球上で総延長8万キロも続く中央海嶺（図1-3）には、どれぐらい熱水活動が存在するのかという興味が湧いてくる。研究は、どんどん赤道近辺の東太平洋から、北米大陸沖の中央海嶺に沿って進んでいった。

　メキシコのカリフォルニア湾、カリフォルニア州北部沖、オレゴン州やワシントン州沖、カナダのブリティッシュコロンビア州沖の深海底に新たな熱水活動域が次々に見つかっていった。これらの深海熱水活動は、大陸から運ばれてくる大量の堆積物や土砂、海洋表層からどんどん降り積もってくるプランクトンの死骸で埋め尽くされた海嶺で起きる熱水活動であり、その化学的性質は最初に見つかった深海熱水とは大きく異なるものであった。

また熱水生物の種類も少し違うことも明らかになった。

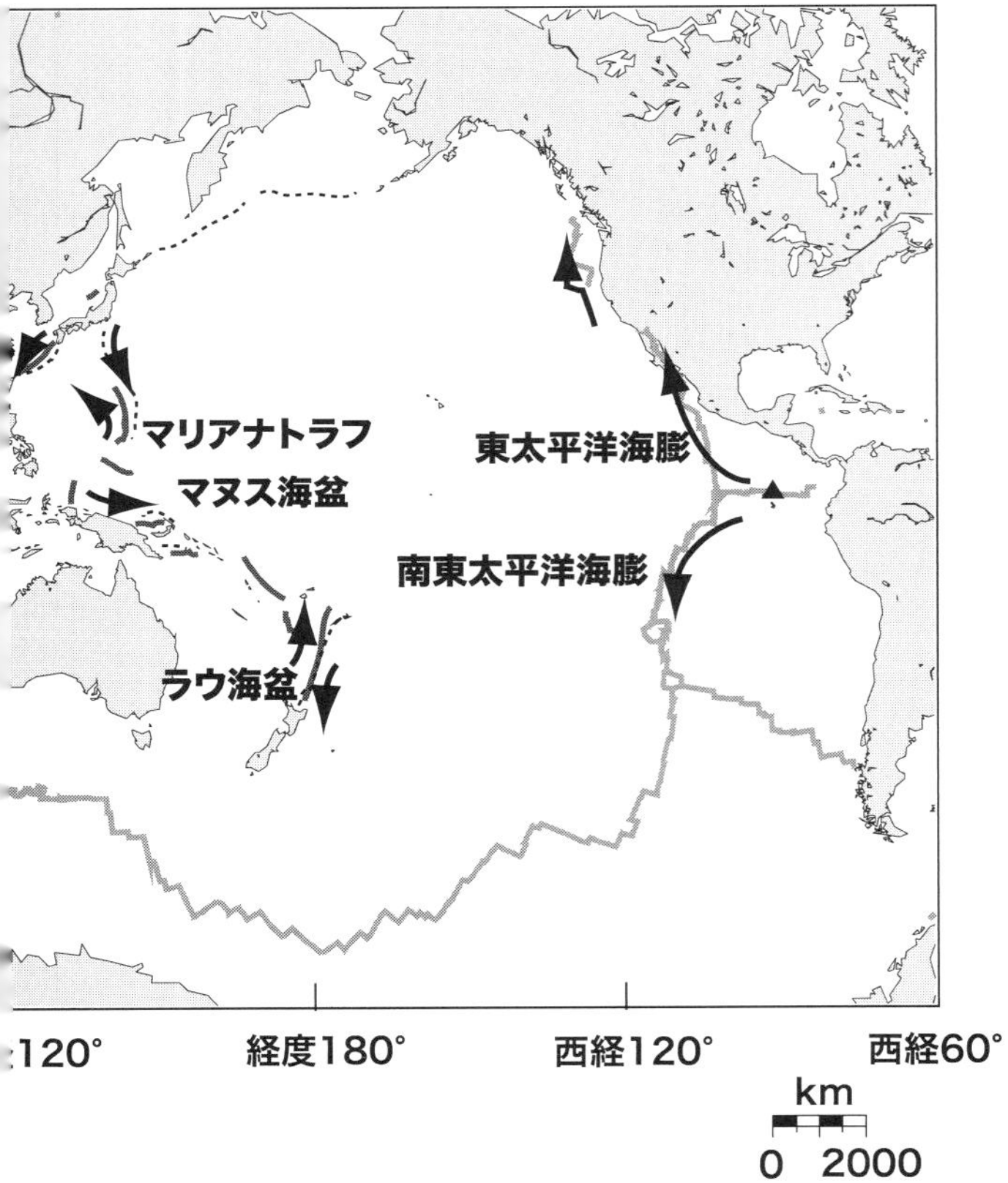
マリアナトラフ
マヌス海盆
ラウ海盆
東太平洋海膨
南東太平洋海膨
:120°
経度180°
西経120°
西経60°
km
0 2000

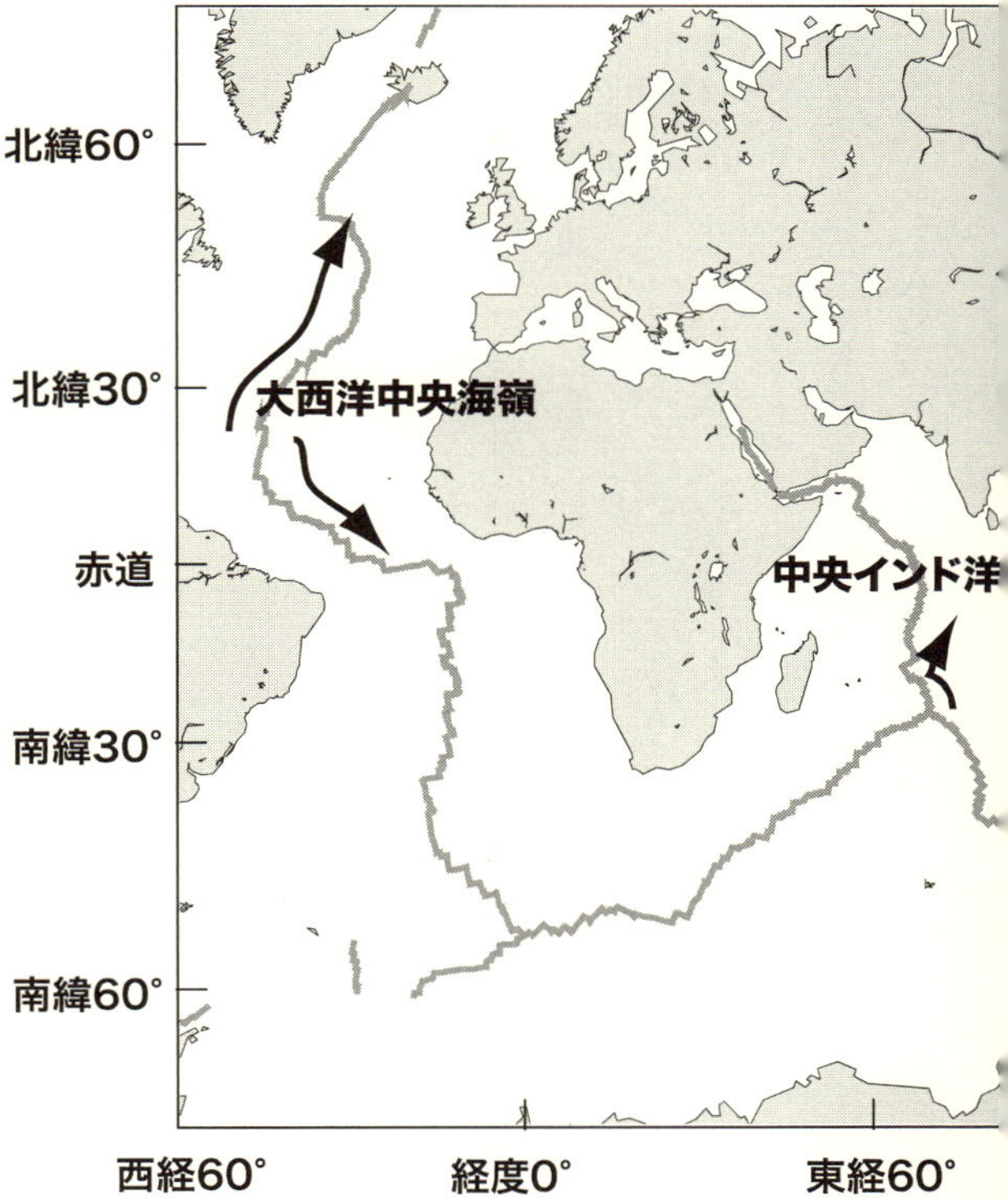

図1-3●ガラパゴスリフトでの最初の発見に続く、世界の深海熱水活動域探査の進展。地図上のグレーの線は中央海嶺、黒線は背弧海盆、点線は火山弧を示す。最初に見つかった深海熱水活動域は、黒三角で示してある。

一方、深海熱水活動域を求めての東太平洋南下作戦は、1998年の「しんかい6500」による日本の研究調査によって切り開かれた。以後各国の調査が散発的に行われ、多数の深海熱水活動域が見つかってきている。この南東太平洋海膨は、地球上のあらゆる海嶺の中で、最も高速で海洋プレート（地殻の板）が形成され、拡大する海嶺軸であることが知られている。年間最大14センチというプレート拡大速度は、大量の地殻形成を伴うマグマ活動によってもたらされるもので、それだけマグマ活動（どんどんマグマがマントルから供給されて地殻を押し広げるとイメージしてもらえばいい）が活発であるとすると、さぞかし熱水活動も盛んだろうと予想できる。

ただし、南太平洋は陸から遠く離れており、しかも南極海に近づけば近づくほど海が荒れ出すため、調査航海にとっては鬼門の場所であり、南太平洋の太平洋南極海嶺から南東インド洋海嶺にかけては、今なお深海熱水活動研究における最大の空白域である。

次はアメリカ大陸を挟んで反対側、大西洋である。大西洋のど真ん中には大西洋中央海嶺が鎮座している（図1-3）。この大西洋中央海嶺は、東太平洋海膨とは反対に低速拡大する中央海嶺である（大体年間1〜4センチ）。この大西洋中央海嶺で最初の深海熱水活動域が発見されたのは、1986年のことであり、この発見以後、アメリカ及びヨーロッパから地理的に近いこともあり、大西洋中央海嶺では、多くの深海熱水活動域が発見され、研究が蓄積されてきている。特に近年は、スバールバル諸島以北のガッケル海嶺や南部大西洋中央海嶺の深海熱水活動域の探査が盛んである。

東太平洋で見つかり、南北に進行し、大西洋ときた。さあ次はようやくインド洋か、と思うとさにあらず。次は西太平洋に舞台は移るのである。東太平洋の中央海嶺で深海熱水活動域が発見されて、しばらく経つと西太平洋の背弧海盆にも熱水活動域が存在するに違いないと考えられた。中央海嶺は海洋地殻（プレート）を生成・拡大させるところであるが、実は同じような作用を持った地質学的プロセスが、背弧海盆にも存在する。

西太平洋のユーラシア大陸、日本列島、伊豆・小笠原諸島、マリアナ諸島、フィリピン、パプアニューギニア、ポリネシア島嶼、サモア・トンガ諸島、ニュージーランドの周辺には、深い海「海溝」が連続的に存在している。これらの海溝とは、東太平洋で作られたプレートが西側のプレートの下側、マントルに沈み込んでいる場そのものである。このようなプレートが別のプレートに沈み込んでいる地帯は「沈み込み帯」と呼ばれている。この沈み込み帯は、中央海嶺と同じようにプレートテクトニクスの様々な活動が顕在する地帯である。

深海で発見された、奇妙な生物たち

そして東太平洋で深海熱水活動域が発見されて10年も経たないうちに、新たな深海熱水活動域を求めて、西太平洋の背弧拡大軸で調査が行われ始めた。パプアニューギニアの北側にあるマヌス海盆では1986年、トンガやサモアの西側に広がる北フィージー海盆やラウ海盆でも1986年、マリアナ諸島西側のマリアナトラフでは1987年に深海熱水活動域が発見された。同じころ、日本では、有人潜水艇「しんかい2000」が完成し、深海の調査に運用されるようになっていた。この「しんかい2000」を使って、沖縄諸島の北西に広がる沖縄トラフにおいて日本で初めての高温の深海熱水活動域、伊是名海穴フィールドが1988年に見つかった。

西太平洋における深海熱水活動の研究は、コーリスらの東太平洋での最初の深海熱水活動の発見以来、最も大きな研究の原動力になっていた熱水生物の多様性に関して大きなインパクトを与えた。コーリスらが発見した奇妙な生物達は、当時、生物学上の一つの大発見であったのだ。

例えばジャイアントチューブワーム（図1-4）。このチューブワーム、ゴカイの仲間ということになっているが、ゴカイには口も肛門もあるのに、このチューブワームには口も肛

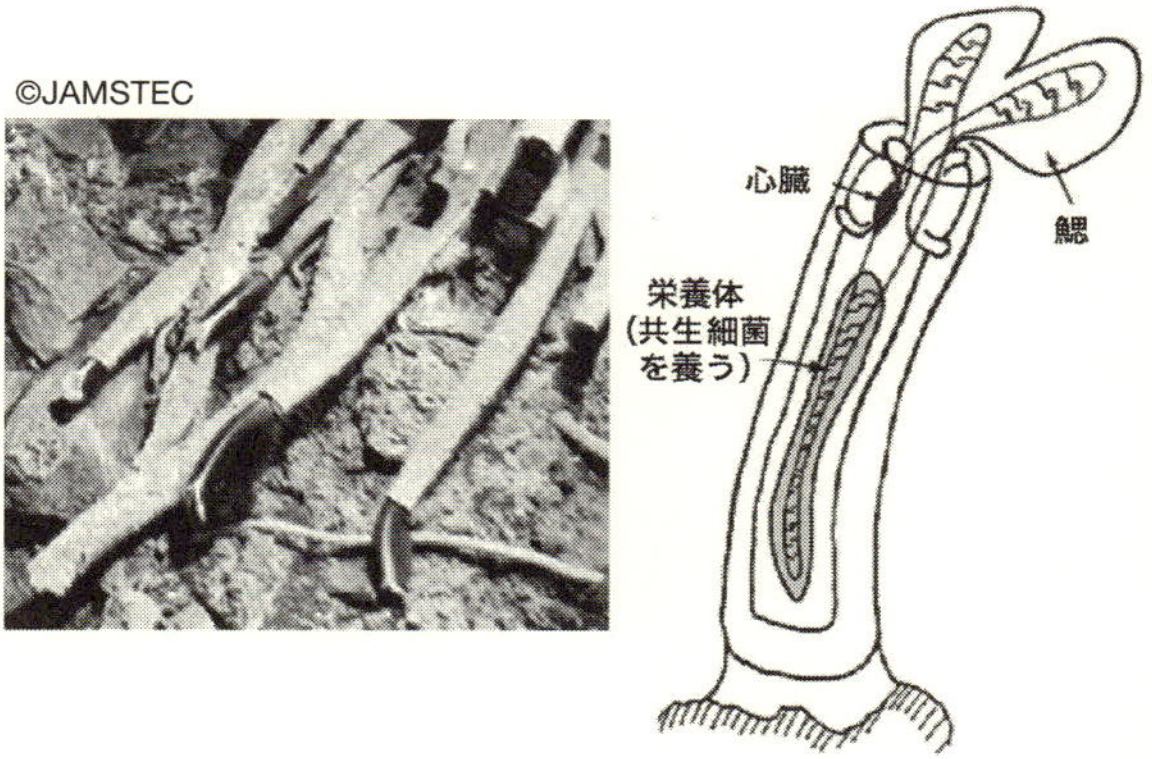

図1-4●南東太平洋海膨の熱水活動域で見られるジャイアントチューブワームとその体の構造。図に示すようにチューブワームには口も肛門もない。

門もない。ではどこから3メートルを超える大物になるぐらいの栄養を取っているのか。チューブワームの栄養体の中にはグズグズの組織（バクテリオサイトと呼ばれる）があって、そのグズグズの組織の細胞の中では、ガンマプロテオバクテリアというバクテリアの一群に属する硫黄酸化独立栄養細菌がみっしりと飼育されている。

チューブワームの鰓《えら》から取り込まれた硫化水素と分子状酸素と二酸化炭素（硫化水素は管の尻のほうから取り込む説が有力である）を栄養体の中の硫黄酸化独立栄養細菌に運搬してやると、細菌は硫化水素を分子状酸素（以下、単に酸素と呼ぶ）で元素硫黄や硫酸に酸化してエネルギー（アデノシン三リン酸

〈ATP〉や還元型ニコチン酸アミドアデニンジヌクレオチド〈NADH〉などの化学エネルギー）を獲得しつつ、そのエネルギーを使い有機物をどんどん合成するのだ。細菌が一生懸命作った有機物を、「年貢を納めよ」というように搾取すれば、口がなくとも3メートルぐらいには成長できるという仕組みである。

東太平洋の深海熱水活動域では、このジャイアントチューブワーム、シロウリガイ、シンカイヒバリガイなどが高密度に生息している場合が多かった。それに加え、ポンペイワームと呼ばれるゴカイの仲間及びその親戚が優占種であることがわかっていた。大西洋での熱水活動域が発見されるにつれ、これらの東太平洋の深海熱水でブイブイ言わせていた生物はほとんどいないことがわかった。

そして西太平洋には、東太平洋では見かけないタニシのような巻貝、アルビンガイ（図1-5）、アルビンガイと少し形態の異なるイフレメリア（和名：ヨモツヘグイニナ）（図1-6）、沖縄トラフの深海熱水活動域で幅をきかしているゴエモンコシオリエビ（図1-7）が優占していることがわかっていった。もちろんこれらの生物も、チューブワームと同様に、熱水に含まれる還元化学エネルギーを基に共生細菌に栄養を作らせ、その栄養を利用することで生育する化学合成生物である。

図1-6 ● 中部から南部西太平洋の熱水活動域に生息するイフレメリア（和名：ヨモツヘグイニナ）。アルビンガイと同じような生息場所に見られる。

図1-5 ● 西太平洋からインド洋の熱水活動域に生息するアルビンガイ。写真ではわかりにくいが、貝殻に毛のようなものがはえているのが特徴である。

図1-7 ● 沖縄トラフの熱水活動域で優占する化学合成生物である、ゴエモンコシオリエビとシンカイヒバリガイ。ゴエモンコシオリエビの胸、腹、脚の付け根にフサフサの毛が密集しているのがわかるだろうか？ これは、胸毛牧場で養殖されたバクテリアであり、ゴエモンコシオリエビはそれを脚でしごき取って食すと考えられている。

このように、東太平洋から始まる大西洋、西太平洋に至る様々な地域の深海熱水活動域の探索は、熱水活動に依存した化学合成生物群集の多様性や生物地理を考える上で極めて重要な手がかりを与えてくれることがわかってきた。

そして、この地球規模での熱水活動域での化学合成生物群集の多様性や生物地理を理解する上で、どうしても避けて通れない最後の大きな空白があった。インド洋だ。

最大の空白域、インド洋熱水活動域の探索

深海熱水活動の研究の歴史において、インド洋は最も研究が遅れた場所であった。その理由は、「深海研究先進国から遠い」「インド洋沿岸諸国はきな臭い」「東太平洋、西太平洋、大西洋の研究でカバーできている部分が多い」などである。

このインド洋の中央海嶺の深海熱水活動を最初に発見したのは日本の研究者である。何回かの予備調査により、「ロドリゲス三重会合点」と呼ばれる南東インド洋海嶺、南西インド洋海嶺、中央インド洋海嶺の三つの海嶺が会合する海底に、どうやら深海熱水活動域が存在することを突きとめた。

そして2000年、JAMSTECの「かいれい」「かいこう」を用いた調査航海によ

って、世界で初めてインド洋における深海熱水活動域を発見した。発見した熱水活動域は、研究調査船「かいれい」の名を取り、「かいれいフィールド」と名付けられた。日本チームの調査の7か月後には、アメリカチームの調査も行われ、「かいれいフィールド」の再調査とともにインド洋2番目の熱水活動域が発見された。

「かいれいフィールド」では、実に多様で豊かな化学合成生物が見つかった。大西洋の熱水活動域の優占種であるリミカリスと呼ばれるエビが、熱水を噴き出す煙突状の構造物「チムニー」の周りを覆い尽くし、そのチムニーの根元には、アルビンガイ、シンカイヒバリガイ、シンカイミョウガガイの仲間が、ユノハナガニとコロニーを形成する。その周りにはたくさんのイソギンチャクが見られる。その他、ウロコムシやプラナリアなど、多くの生物が熱水に依存した生態系を形成していた。

興味深かったのは、大西洋特有種と考えられていたリミカリスと汎世界型と考えられているシンカイヒバリガイなどを除くと、西太平洋特有種のアルビンガイやイソギンチャクや、太平洋型の生物が多く分布していることがわかった点である。しかも、生物地理学的な関係性だけでなく、その遺伝子配列による系統解析の結果から、多くの生物種が、やはり西太平洋の生物と遺伝的に近い関係にあることがわかった。

図1-8●「かいれいフィールド」に生息する「硫化鉄」でコーティングされた鱗と貝殻を持つスケーリーフット。新江ノ島水族館北田貢氏撮影。

さらにアメリカチームは、「硫化鉄の鎧を纏った巻貝：スケーリーフット」を発見した（図1-8）。このスケーリーフットは、普通の炭酸カルシウム製の貝殻以外に、硫化鉄からなる「外骨格（ウロコ）」を腹足と言われる軟体部の皮膚に何百枚も生やしているという奇天烈な特徴もさることながら、普通の巻貝としても極めて珍しい形態的、遺伝的特徴を持っていた。要するに、スケーリーフット1匹で、ネイチャー誌やサイエンス誌などに論文が書けてしまうほどの、アイドルもしくはカリスマ生物だったのだ。

もちろんスケーリーフットの発見だけではなく、アメリカチームの研究は、インド洋が熱水活動域における化学合成生物の全く新しい生物地理学的地域であることを明確にし、熱水活動域の化学合成生物が、東太平洋から西太平洋、インド洋を経て大西洋に伝播していったという大きな仮説の証拠となった。

私が初めてインド洋の「かいれいフィールド」に調査にやってきたのは、最初のアメリカチームの論文が発表された後、2002年のことだった。先行する研究に対して何ができるか全くわからなかった。当時、微生物の研究は全然進んでいなかったが、自分の研究アプローチは世界最先端だとイキがっていたので、それなりに面白い成果が出るだろうというぐらいにしか思っていなかった。

それが、ハイパースライムと呼ばれる「地球最古の生態系の生き残り」である微生物生態系の発見に繋がり、その原動力を明らかにしようとするうちに、「生命が誕生し、最古の持続可能な生態系が形成され、汎地球的に繁栄する」過程のゆりかごとなった条件、〝ウルトラエッチキューブリンケージ〟を提唱するに至るとは思ってもみなかった。

それから8年近く経って、インド洋の「かいれいフィールド」から始まった私たちのウルトラエッチキューブリンケージ仮説を揺るがすような新しいタイプの深海熱水活動域が、またもやインド洋に存在するのではないかということがわかってきた。

インド洋は太古の地球の海洋とよく似ている？

それで、本書の最初に戻るのである。中央インド洋海嶺の「かいれいフィールド」に続く、3番目、4番目の熱水活動域を探索しに、インド洋に舞い戻ってきたのだ。本航海の成果は、非常に劇的なものであった。それについては、まさに現在進行中の研究であり、近い将来、様々なところで発表していきたいと思っている。

ただ、私がよくインド洋の熱水活動域に調査に行くことと、インド洋の熱水活動域で「最古の生態系」に関する重要な発見をしたことの関連で、しばしば質問されることがある。それは、「インド洋は太古の地球の海洋とよく似ているのですか」という質問である。

実は、必ずしも「インド洋という海洋やインド洋の中央海嶺が太古の地球の海洋や海底によく似ている」というわけではないのである。にもかかわらず、インド洋の熱水活動域の調査は、いつも太古の地球と生命の関わりについて重要な手がかりを私に与えてくれる。

それは、何かの縁と言うべき偶然かもしれないが、一方では、太平洋や大西洋の熱水活動の研究によって創り上げられてきた「常識」や「定説」が、インド洋の深海熱水活動の研究によってどんどん覆されることがヒントとなっているのかもしれない。

深海熱水活動の多様性とそのメカニズム

我々研究者が、ここまで述べてきたように長い時間と多大な労力を費やして、調査によって発見し研究できる深海熱水活動域は、今現在の地球に存在する熱水活動域のごくわずかな部分にすぎない。それでも世界でこれまで３００箇所以上の深海熱水活動域が見つかっているのだが……。

そのわずかな深海熱水活動域でさえ、全く同じ熱水活動というものはなく、極めて多種多様な地質学的、地理学的、化学的そして生物学的特徴が存在している。

本書では、最終的にこの多種多様な熱水活動の中で、いったいどのような熱水活動が「生命の誕生を育み、持続的な生命システムを支えたのか」ということについて迫っていく。

そして、もう一つだけ覚えておいてもらいたいことは、実はその深海熱水や温泉の多様性を作り出す最も大きな原動力はそれほど複雑なものではなく、海底下や地下の「高温の岩石と水の化学反応」というかなり単純で共通の現象であるということだ。さらに言うと、この岩石と水の化学反応というのは、「地球だけの特別な現象」ですらない。地球以外の岩石型惑星や天体でも水（H_2Oの意味）が存在していればごく普遍的に起きる化学反応であり、宇宙における生命の誕生と繁栄を考える上でも、極めて重要で、かつ宇宙共通の現象と言えるのである。

第2章

地球の誕生と、生命の誕生

地球は混沌から作られた

　世界ができたそもそものはじめ。まず天と地とができあがりますと、それといっしょにわれわれ日本人のいちばんご先祖様の、天御中主神《あめのみなかぬしのかみ》とおっしゃる神さまが、天の上の高天原《たかまのにら》というところへお生まれになりました。そのつぎには高皇産霊神《たかみむすびのかみ》、神産霊《かみむすびの》神《かみ》のお二方がお生まれになりました。
　そのときには、天も地もまだしっかり固まりきらないで、両方とも、ただ油を浮かしたように、とろとろになって、くらげのように、ふわりふわりと浮かんでおりました。その中へ、ちょうどあしの芽がはえ出るように、二人の神さまがお生まれになりました。

（鈴木三重吉『古事記物語』i文庫）

　初めに神は天と地を創造された。
　さて、地は形がなく、荒漠としていて、闇が水の深みの表にあった。そして、神の活動する力が水の表を行きめぐっていた。

それから神は言われた、「光が生じるように」。すると光があるようになった。そののち神は光を良いとご覧になった。そして神は光と闇との区分を設けられた。そして神は光を〝昼〟と呼ぶことにし、闇のほうを〝夜〟と呼ばれた。こうして夕となり、朝となった。一日目である。

次いで神は言われた、「水の間に大空が生じ、水と水との間に区分ができるように」。

そうして神は大空を造り、大空の下に来る水と大空の上方に来る水とを区分してゆかれた。そしてそのようになった。

そして神は大空を〝天〟と呼ぶことにされた。こうして夕となり、朝となった。二日目である。

次いで神は言われた、「天の下の水は一つの場所に集められて乾いた陸地が現われるように」。するとそのようになった。

そして神は乾いた陸地を〝地〟と呼ぶことにし、水の集まったところを〝海〟と呼ばれた。さらに神は「それを」良いとご覧になった。

（インターネット聖書「新世界訳聖書」創世記）

ある時ふとしたきっかけで、母親が私にこう言った。「あんた、生物の起源とか研究してるんやったら、古事記とか聖書とか、読んどきなさい。昔の人がどう捉えていたか参考になるやろ」。確かにそうだ。そう思って読んでみた。その他、いくつかの世界創造の話なども読んでみた。

すべてに共通する考えは、「最初に混沌があった」ということである。地球創成の科学などなかった古い時代に、人々は感覚として、混沌からこの世界（地球）が誕生し、海、空、陸などの秩序ができあがっていったことを感じ取っていたと思われる。

そう地球はまさしく混沌から作られた。

原始地球は、太陽系が45億6700万年前に誕生してから、3000万〜4000万年の間に、微惑星の衝突・合体を繰り返してできあがったらしい。その原始地球には、すでにコア（マントルの下にある鉄を主成分とし、ニッケルもかなり含む熱い塊）ができるほど内部構造が分化していたらしい。

原始の月はなぜ大きく見えるのか

しかしこの原始地球はまだ我々の知る地球ではない。兄弟の月がまだできていないからだ。45億2700万年前に、その原始地球に火星サイズの微惑星が、まるで野球で非力な選手がポップフライを打ち上げるようなバットとボールのズレで衝突した時、密度が小さい原始マントル部分を引き連れて、ポップフライが月を形成した。

月の形成は、地球のすぐ側で起きた。それゆえ、よくテレビ（NHKぐらいでしか見ないが）や雑誌で、原始地球のCGやイラストには、やたら大きな月が描いてあるのを見たことがあるかもしれない。あれは、アーティスティックなデフォルメでそうなっているのではない。本当に月はでかく見えたはずなのである。

また、微惑星の衝突による月の形成は、原始地球の化学成分組成にも影響したが、のちに潮汐作用として地球の自転周期の延長などに大きな影響を及ぼしている。おそらく太古の地球に誕生し、繁栄した初期生命は、現在の生物に比べ、遥かに大きな影響を月から受けていたはずである。しかしながら、その影響と生命の進化の関係性は全く研究されていない（私やりたいので、興味ある人ご協力お願いします）。

ここまでは主に月の研究からわかってきたことである。

図2-1 ●約44億年前に生成されたジルコン鉱物が含まれるオーストラリア西部のジャックヒルズの堆積岩の露頭写真。JAMSTECプレカンブリアンエコシステムラボの渋谷岳造研究員提供。

地球上で最も古い地質記録

地球で見つかっている最も古い地質記録は、オーストラリア西部のジャックヒルズの堆積岩中に存在するジルコン鉱物である（図2-1）。

この鉱物中に含まれる鉛とウランの同位体を用いた年代測定により、そのジルコン鉱物自体が約44億年前に生成されたものであること、さらに鉱物中の酸素及びハフニウム同位体比（同位体比というものの説明は後述）、チタン含量によるジルコンの生成温度予測の結果から、約44億年前の鉱物生成時の地球表面温度が予想より遥かに低いこと、大陸地殻と海洋地殻の存在、そしてプレートテクトニクスの存在が示されている。特に、ジルコン鉱物中の酸素同位体比の結果は、ジルコン鉱物が200℃以下の低温の熱水変質を受けていた可能性、つまり地球表面に液体の水（海洋）が存在し、低温での水と岩石の反応が起きていたことを示す証拠と考えられている。

これらの研究以前には、40億年ぐらい前までの地球の地表はマグマオーシャンと呼ばれる千数百℃を超える灼熱の世界だったと考えられていた。またのちほど述べるように、地球誕生から40億〜39億年前までには、いくつもの隕石や微惑星が衝突し、そのたびに全球的あるいは部分的なマグマオーシャン状態が続いたと思われていた。

この地球誕生からの約6億年は、このような大規模な地球の表層の融解があり、その時代の岩石はほぼ現在の地球に残されていないために、「失われた6億年」、「冥王代」と呼ばれてきた。しかしながら、これらの研究により、約44億年前にはすでに海洋と大陸が原始地球に存在すること、また地球表層が冷却しプレートテクトニクスが始まったことの可能性が示されたのだ。

以前は、地質学の分野で「冥王代」（英語ではHadean）なんて言葉を使ったら「あーうさんくさい人ね」と思われたらしい。しかし現在では、冥王代（40億年以前）はもはや最も重要な地球科学プロセスの始まった時代として受け入れられつつある。私も「生命の誕生と最古の持続可能な生態系の始まり」は冥王代で起きた可能性が高いと信じている。

ただし、最古の持続可能な生態系の始まりの時については、次に述べる不確定要素に大きく依存するのだ。

月の誕生後、45億数千万年前に、ほぼ現在の地球と同じ大きさの原始地球ができあがり、最速約44億年前には、地表が冷えて海と大陸ができたと仮定しよう。

この段階で、生命を誕生させる準備（生命の材料や部分的なシステムを創り上げる化学進化の段階）が始まったと考えてよい。いやもしかすると、その後速やかに生命が誕生しても決して不思議ではないとも考えられる。しかし、この時期は、ノストラダムス的に言えば、「恐怖の大王」、つまり隕石、しかもこぶし大クラスのチンケなものではなく、直径100キロを超えるものが、どんどん地球に降ってくる隕石重爆撃期と呼ばれる時代であった。

例えば、直径500キロを超える隕石が1個衝突すると、現在の地球と同じ量の海洋がその原始地球に存在していたとしても、その海はすべて蒸発し、海がなくなった地表は、1000年程度、千数百℃を超える灼熱のマグマオーシャンになったと推測されている。

いつ最後の巨大隕石が衝突したか

実際にこのような巨大衝突が、どれだけ起きたのか、いつまで起きたのかは、当時の地質学的記録（岩石）が残っていないのでわからない。しかし、月の表面に残された巨大な隕石衝突のクレーターの規模、数、その年代から、月にどれぐらいの大きさの隕石が、どれだけたくさん衝突したかを知ることができ、そしてその規模と頻度から、月と地球の大きさに比例した隕石確率頻度を予想することができるのだ。

その確率から言えることは、たとえ、約44億年前には、地表が冷えて海と大陸ができ、超原始的な生命が海の底のほうにピクピクしていたとしても、少なくとも何回かは、隕石の衝突によって、高温の岩石蒸気とともに、跡形もなく消し飛んでいったはずなのだ。

しかし、それがいつなのかは、わからないのである。もし最後の巨大隕石衝突が、××億年前とはっきりわかるなら、その年代がほぼ、生命の誕生と最古の生態系の始まりと言うことができるのだが、残念ながらその記録はない。

確率論的には、月のクレーターを形成するクラスの巨大隕石衝突、あるいは全原始地球海洋を蒸発させるような規模の衝突は、42億年前には終了したのではないかという説もある。

一方で、小規模な隕石の重爆撃も39億年前には終わったという説が有力になっている。ということは、約42億〜39億年前であれば、「化学進化から生命が誕生し、最古の持続可能な生態系」が形成されても、のちの生命進化と断絶していない可能性があるということである。

ジャックヒルズのジルコン鉱物の次に現れる地質記録は、アカスタ片麻岩と呼ばれる岩石の記録である。カナダの北部の西スレイブ地域で得られた変成した花崗岩類中のジルコン鉱物の年代測定により、その岩石が約40億年前に生成されたものであることがわかった。実は、先カンブリア紀（冥王代〜太古代〜原生代からなる）の冥王代と太古代の境界とはいつか、ということを調べると、38億年前と書いてあったり、40億年前と書いてあったりする場合があり、その定義をがんばって調べていたのだが、どうやら冥王代の定義とは、岩石記録がない時代というのが正式な定義のようで、そうすると、このアカスタ片麻岩の発見をもって冥王代は40億年前までということになったのだと自分なりの答えが見つかった。

アカスタ片麻岩の持つ意味は、40億年前に大陸地殻が存在していたことの最古の岩石学的証拠であり、ジャックヒルズのジルコン鉱物では可能性が示されたにすぎない原始地球における「海洋と大陸」「プレートテクトニクス」の存在がより確実な証拠とともに示されたことであろう。

いずれにせよ、古事記や聖書に記されている「とろとろ」な「荒漠な闇の」混沌の時代は、現代科学においても、ギリシャ神話の冥府の王、ハーデスの時代とされるほど、未知である状況を的確に表していると言える。

しかし、冥王の時代は、徐々に、混沌のみならず「生命の星」地球の原初システムが既に始まっていた時代であることがわかってきた。生命誕生の時は後で説明するとして、まずは、生命の初期進化の証拠が見つかる初期太古代まで地球と生命の歴史を見ていこう。

38億年前の地球最古の地層

40億年前以降は、岩石記録が少ないながらも徐々に出現するので、もはや冥王の時代ではなく、太古代と呼ばれるちゃんとした地質年代となる。アカスタ以降の地質記録としては、グリーンランドのイスア地方やその近くのアキリア島で見つかっている（図2-2）。

特にイスア地方で見つかった変成岩は、「地球最古の地層」であり、38億年前の火成岩

図2-2●グリーンランド、イスアの世界最古の生命の痕跡が見つかった堆積岩の露頭写真。黒っぽく見える部分が炭素（グラファイト）を含む頁岩の層。東北大学大学院理学研究科掛川武教授提供。

及び堆積岩からなる地層である。

この堆積岩が含まれることが極めて重要である。つまり地球の地殻のどこかで生成された岩石ではなく、海底の堆積した地層が残されているからである。しかも縞状鉄鉱層（Banded Iron Formation：BIF）を含んでいる。一方アキリア島にも、イスアと同じような堆積岩が残されており、その年代はイスアより5000万年古い、38億5000万年前のものとされている。

しかし、アキリア島の地層は、アカスタ片麻岩のような火成岩の変成岩であるという報告もあり、イスアに比べてさらに、その地質背景がはっきりとわかっていないらしい。

いずれにせよ、イスアやアキリア島は、地球史研究の一大ホットスポットであり、現在でもその地質学的な背景についての解釈は激しい論争が続いている。しかしそこには最古の生命の痕跡の証拠（化学化石）と考えられるものが見つかっているのだ。

ここで重要な点は二つある。イスアの変成岩がもともとどのような環境で生成されたものなのかという点と、最古の生命の化学化石と言われる「軽い炭素同位体比」というものがどのように生成されたのかという点である。

イスアの変成岩がどのような環境で生成されたかについては、現在までに発表された論文だけを読んでも、諸説が入り交じっており、私のような素人地質学者には何が確からしいのかなかなか摑めない。そこで、専門家である私の同僚のJAMSTECプレカンブリアンエコシステムラボの渋谷岳造研究員に解説してもらった。

渋谷研究員の解説を簡単にまとめると、次のようになる。

イスアの変成岩は、38億年前の海洋底の堆積物を含んだ海洋地殻を出発点としてできたものと考えられている。その海洋底は太陽の光が届くような浅い海であったと主張する研究者が多いが、実際には、現在の海洋の拡大軸近くの海洋底の堆積環境に近かったのではないか、つまり深海熱水活動域に近い深海環境、と考えるのが最も矛盾が少ないと渋谷研究員は力説する。

その理由は、海洋地殻を構成する火成岩である玄武岩が深海で噴出したような特徴を持っていることと、深い遠洋性の海底で生成されるチャートという堆積岩が観察されることである。そしてその海洋底が、プレートテクトニクスの作用によって、現在の地球でも見られる沈み込み帯と同じようにマントルへと沈み込んでいった。その海洋底の一部は、現在の日本列島の西南部に見られるような付加作用（沈み込んでいくプレートの上っ面が剝がれて、大陸側のプレートに付け加えられること）によって、マントルの中に消え去ることなく、大陸地殻の中をぐるぐると移動しながらも、38億年間という途方もない時間を経て、地球表層に残った。

この説明には、特に問題はないように思える。しかし、この説明がそう簡単に専門家に受け入れられない理由は、イスアの変成岩には酸化鉄を多量に含んだ縞状鉄鉱層（BIF）が存在していることにある。

多くの読者がよくご存じのように、鉄は空気中の酸素と結び付いて簡単に赤茶色の錆（水酸化鉄や酸化鉄）を生じる。錆が生じるのは、酸素と結び付く以外に、光のエネルギーを利用した微生物によるもの、あるいは直接酸化されるものが知られている。それゆえ、この酸化鉄を多量に含んだＢＩＦの存在が、38億年前の地球大気に酸素が存在する可能性、還元鉄の光酸化の可能性（つまり浅い海底）、あるいは光合成鉄酸化微生物の存在の可能性（同じく浅い海底）等々、を主張する根拠となっているのである。

太古代初期は酸素と光がなくても化学反応が起きた？

しかし、最近の渋谷研究員の研究（一応私も共同研究者なので無関係ではないが）によって、イスアの変成岩に見られるＢＩＦやチャートのような堆積岩は、冥王代や初期太古代の深海熱水活動の作用によって、「酸素がなくても、光がなくても」形成される可能性が明らかになったのである。

その渋谷仮説を簡単に説明する。

冥王代や太古代初期の深海熱水活動は、現在の深海熱水活動と基本的には全く同じメカニズム、つまり海水と高温の岩石の化学反応でなされる。しかし熱水の元になる海水の化学組成（太古の地球では特に、溶存二酸化炭素の量が桁外れに多い）が違うために、できあがる熱水の化学組成も違ってくるのである。最も重要な点は、現在の深海熱水のほとんどすべてが強酸性であるのに対して、太古の地球の深海熱水は強アルカリ性だったということだ。この熱水のpHの違いと原始海洋の化学組成の違いが、現在の海洋では起きないような現象を引き起こすのである。例えば、酸素が存在しなくても、熱水と海水の混合によって、酸化鉄を沈殿させることができるのだ。

この最新の研究成果を基に考えると、イスアの変成岩は、38億年前の深海熱水活動域にほど近い深海底で生成された可能性が高いと言えるのである。

この説は、非常に独創的でかなりセンセーショナルな仮説であり、これから世界中の研究者からの批判や攻撃を受けることになるであろう。しかし、この渋谷研究員の新説は、これまでのいかなる科学的な説明と比べてみても、矛盾点がほとんどない論理的に「美しいもの」であり、私は、最終的に世界中に広く認められると確信している。

「軽い炭素の割合」が生命反応のカギ

少し話は脇道に逸れたが、次にイスアの最古の生命の化学化石と言われる「軽い炭素同位体比」というものについても説明しよう。

イスアの変成岩には、頁岩《けつがん》という海底の泥が固まった堆積岩も存在する。この頁岩は炭素の含有量が多く、黒っぽく見えるので黒色頁岩と呼ばれる。

黒っぽい炭素というのは、いわゆる炭であり、グラファイト（炭素の塊、ダイアモンドの親戚）からできている。通常の変成岩に見られる黒色頁岩のグラファイトは、元々は海底の泥に堆積した生物の有機炭素が変成中の高温で蒸されて、炭になったものが多く、石炭や石油の生成メカニズムも基本的には同じである。

しかしイスアの黒色頁岩は、生命がいたかどうかの瀬戸際の堆積岩であるので、「めっちゃ炭素が多いイコール生命がいた」とは言えない。

そこで出てくるのが炭素の安定同位体比という化学指標である。

結論から述べてしまうと、イスアの黒色頁岩のグラファイトに含まれる炭素元素の中には、質量の小さい「軽い炭素」が、当時大気や海水に存在していたと考えられる二酸化炭素に比べて、やや多めに見られるのである。

そして「軽い炭素」の割合を多めにする技は、単なる化学反応ではなかなか難しくて、植物やある種の微生物のような独立栄養（無機炭素を有機物に変換できる）生物の持つ特有の秘法として考えられている。

ここは、専門家以外の人々から「難解なので省略できませんか」とよく苦情が出る箇所ではあるが、最古の生命化学化石の科学的妥当性についての重要なポイントなので、もう少し科学的に、でもできるだけ簡単に説明しよう。そうしよう。

自然界には通常、その原子核が6個の陽子と6個の中性子からなる質量数12である炭素^{12}Cが蔓延している。しかし6個の陽子と7個の中性子を持つ質量数13である^{13}Cもわずかに存在している。この^{12}Cと^{13}Cを炭素の安定同位体と呼ぶ。もう1個中性子が増えると^{14}Cになって、この場合は放射能を有する同位体であり、放射性同位体と呼ばれる。

炭素だけではなく、多くの元素、例えば水素Hには、^{1}H、^{2}H、^{3}H、酸素Oには^{16}O、^{17}O、^{18}Oという安定同位体が存在する。安定同位体は、少し質量数（重さ）が違うだけで、元素としての性質はほぼ百パーセント同じなので、分子になってもわずかな質量が違うこと以外は基本的には区別できない。空気中の二酸化炭素にも$^{12}CO_2$と$^{13}CO_2$があるということである。

空気中の$^{12}CO_2$と$^{13}CO_2$の存在比は、大体99％と1％である。さてこの二酸化炭素を一次生産者（地球表層であれば植物や光合成独立栄養微生物、暗黒の生態系であれば化学合成独立栄養微生物であり、先ほどの独立栄養生物のこと）は、有機物にする。その有機物を摂取することで、他の生物（従属栄養生物）は生命活動を維持しているわけであるが、実は一次生産者が二酸化炭素を有機物に変換する際に、空気中の$^{12}CO_2$と$^{13}CO_2$の存在比がそのまま体内に取り込まれ有機物になるのではなく、かなり$^{12}CO_2$を優先的に取り込むという現象が観察されるのである。つまり空気中の二酸化炭素の$^{12}CO_2$と$^{13}CO_2$の存在比に比べて、生物体内の有機炭素のほうが^{12}Cの割合が多くなるのである。これを「同位体的に軽い炭素が多くなる」とか、「軽い炭素同位体比」と呼んでいるのである。

実は、その理由の詳細についてはは本当はよくわかっていない。しかし経験的かつ実験的に事実であることはほぼ正しいのである。さらにこれを詳しく科学的に解説しようとすると拒絶反応が出るかもしれない。そこでわかりやすい比喩表現で説明してみる。

「おれたちゃ軽い炭素グループ」と名乗るバイクチーム500人と「ワシら重いんじゃ炭素組」と名乗る大型トラックチーム5人が、東京から名古屋に4時間以内に何人到着できるか競走をしたとしよう（なぜそんな競走をする必要があるのかという指摘は不問の方向でお願いします）。経路は東名高速道路を使ったとする。高速道路では部分的に混雑する箇所があり、大型トラックはどうしても軽快な走りができないので混雑に摑まりやすく、バイクはすいすい追い抜きを繰り返して、先に先に進んでいく。

4時間後名古屋に到着した台数を数えてみると、バイクは495台（5台ぐらいはパンクしたり、故障したり確率論的に到着しない）であるのに対して、大型トラックは、特別な事情がなくても渋滞などに巻き込まれ2台ぐらいしか到着しないと予想できる。東京出発時、バイクに対するトラックの比率は1％であったが、名古屋到着後には約0・4％になっていた。

それとほぼ同じような現象が、一次生産者の二酸化炭素固定（有機物化）代謝でも起きているのである。

植物やほとんどの光合成微生物、さらに一部の化学合成独立栄養微生物は、その細胞内に存在するカルビン・ベンソン回路という炭酸固定代謝経路で二酸化炭素を有機物に固定する。その時にＲＵＢＩＳＣＯ（ルビスコと呼ばれる。Ribulose-1, 5-bisphosphate carboxylase/oxygenase の頭文字をとった略語である）という酵素がその反応を触媒する。まず二酸化炭素が大気中もしくは水から細胞の膜をすり抜けて細胞内に入り込む際に、$^{12}CO_2$と$^{13}CO_2$では、入りやすさに差が出る。$^{12}CO_2$のほうが入りやすい。また細胞内に入った二酸化炭素がＲＵＢＩＳＣＯとひっつくことが大事なのだが、そこでも$^{12}CO_2$のほうがひっつきやすい。またＲＵＢＩＳＣＯがひっついた二酸化炭素の共有結合をゆるめてリブロース1、5-二リン酸という有機物にくっつけるのだが、そこでも$^{12}CO_2$のほうがくっつきやすい。というように、多くの過程で、$^{12}CO_2$のほうが$^{13}CO_2$より速く進む。まるでバイクが大型トラックを追い抜いて行くように。

結果として、できた有機物の中には、大気中の二酸化炭素に比べて、$^{12}CO_2$の割合が高くなっていくのがわかるだろう。その優遇率は、動的同位体分別効果と呼ばれ、化学反応や酵素反応ごと、しかも条件ごとにその効果の値が大体決まっていると考えられている。しかし、大きな優遇率は、ほとんどの場合、生命活動（酵素反応）でしか見られないので、逆に言えば「軽い炭素同位体比が見つかる」ということは、「酵素反応（生命活動）があった」ということをかなりの確かさで意味する。

しかし一方では、「軽い炭素同位体比が見つかる」イコール「生命活動」ではないということも強調しておきたい。

38億年前の深海で生命活動は存在していた

それでイスアの炭素同位体比の話に戻る。イスアの堆積岩中のグラファイトの中には「非常に軽い炭素同位体比」を示すものが見つかった。すわ、「それこそ最古の生命の痕跡！」と沸き立つのも無理はない。しかし、同時に「あまり軽くない炭素同位体比」を示すものも多かった。というよりも、グラファイトの炭素同位体比の値に大きなバラツキがあったのである。そのため「生命だろう」「いや生命とは違う」というように長い間論争になっていた。

グラファイトというのは、前述したように、元々は炭素を含んだ様々な物質が高温高圧の条件で、かなりのプロセスを経て炭になったものであり、その過程で炭素同位体比はかなり変化する。この変化を理論的に再現し、元々の物質が有していたであろう初成炭素同位体比がやはり軽く、それゆえ生命活動起源であることを強く示す研究成果を発表したのは、東京工業大学大学院理工学研究科の（ＪＡＭＳＴＥＣプレカンブリアンエコシステムラボ招聘《しょうへい》研究員でもある）上野雄一郎准教授であった。

そして、さらにグラファイト中の炭素同位体比に加えて、他の生命活動の痕跡となるような窒素の同位体比などの複合的な証拠を発見するとともに生命活動の存在をより裏づけたのは、私の同僚であるＪＡＭＳＴＥＣプレカンブリアンエコシステムラボの西澤学研究員の成果であった。

少し説明が長くなってしまったが、渋谷研究員や上野准教授、西澤研究員といった若い日本人研究者の成果によって明らかにされてきたイスアの堆積岩に残された炭素同位体比を始めとする様々な化学指標（化石）を総合的に考えると、38億年前の深海底の堆積環境においてすでに生命活動が存在していた可能性は極めて高いと言える。

とはいえ、渋谷研究員や西澤研究員が示したように、生命活動の存在というのは、炭素同位体比だけでなく、様々な周辺の環境条件の復元や他の元素の存在状態や同位体比の結果を総合して判断すべきものである。

私自身は、多くの地球史研究者達が「軽い炭素同位体比＝生命作用」というあまりに漠然とした原理を盲目的に唱える姿には、かなり違和感を覚えている。まさしく、その軽い炭素同位体比を生み出す化学合成独立栄養微生物のハンターとして、多種多様な獲物を仕留め、その炭素固定代謝に興味を持って研究してきた私には、「そんなに単純か？」という疑問が常にあった。

実際、その原理が真理であるかどうかを実験的に検証することが、現在の私の研究テーマの一つになっている。もちろん炭素同位体比のみならず、他の元素の同位体比や他の化学化石の可能性も追究している。近い将来、開発された新しい武器をひっさげて、イスアの堆積岩に対する多角的な面からの再考証に挑戦してみたいと思っている。

西オーストラリアにある35億年前の地層

38億年前には堆積物中に、しっかりとその痕跡が残るほど生命が満ちあふれていたとすると、生命が既に誕生し、かつ炭素同位体比分別を起こすようなしっかりした一次生産が確立され、それに基づいた持続的な生態系が海洋中には普遍的に起きていたと想像できる。ゆえに、生命の誕生と持続的な最古の生態系の始まりは38億年以上前に起きたと考えればいい。しかし、イスアの堆積岩の結果は、具体的な生命活動について何ら情報を与えないし、しかもどのような環境であったかという生息環境の地質学的背景という点でも、データ量が少なく説得力に欠けている。

しかしながら35億年前の地質記録になると、その当時「深海底の限定された場において現世の微生物とほぼ同じような形態や代謝機能を持った生物、そして生物地球科学物質循環が存在していたこと」が、より鮮明なイメージとともに復元可能となってくる。

35億年前の地層というのは、現在の地球では、西オーストラリアのピルバラ地域、南アフリカのカープファール、ジンバブエなどに分布している。なかでも西オーストラリアのピルバラ地域は、最も地層の変成度が低くて、比較的きれいな状態で保存されていることから研究が進んでいる。

ピルバラ地域の地層についても、当時の環境について、中央海嶺のようなプレート拡大軸に近い深海底環境であったとか、大陸縁辺部であったとか、いや日本列島のような沈み込み帯に伴う島弧であった、という論争が続いている。そこで再び、専門家である渋谷研究員に解説してもらった。

渋谷研究員の解説を簡単にまとめると、やはりピルバラの多くの地層も、詳細な地質構造の復元と玄武岩の化学組成の結果から、当時はプレート拡大軸に近い深海底環境であった可能性が極めて高いと言えるようだ。さらに、玄武岩（枕状溶岩）の上に陸源性物質を含まないきれいなチャートが存在しており、大陸からの影響を全く受けないほど、陸から離れた遠洋域であったと考えられるらしい。

イスアではグラファイトの炭素同位体比という化学化石のみが検出されたのに対して、西オーストラリアのピルバラ地域では、微生物の化石と考えられる生命活動の兆候が多数報告されている。最初の報告は、1983年であったが、1993年に、ピルバラ地域のマーブルバーのエイペックスチャート（岩石の名前）から見つけられた微生物化石の報告は反響が大きかった。ジェイムズ・ウィリアム・ショップは、その微生物化石の形態学的な観察のみを根拠に、現生のシアノバクテリアに似ているので、35億年前に酸素発生型光合成があったと報告した。

はっきり言ってこの報告は、〝科学〟と呼ぶにはあまりに根拠が薄いものであった。

まず、「微生物のような形に見える黒いもの」が微生物の化石である証拠がない。次に、「形が似ているからシアノバクテリアじゃないか」なんてことは、「月の黒い部分がウサギに見えるから月にはウサギがいる」とか、「火星の表面には人面岩があるから宇宙人がいる」というのとさほど変わらないファンタジーでしかない。いくらジェイムズ・ウィリアム・ショップが、微生物化石の世界トップの研究者だとしても、論文の審査員は「空前の腰抜け」と言わざるを得ない。

一応、ジェイムズ・ウィリアム・ショップの研究グループは、のちに、同じサンプルを使いラマン分光スペクトル解析という方法によって、黒い微化石中にケロジェン（有機炭素が変成したぐちゃぐちゃの塊であり石油のもと）があることを示し、またその炭素の炭素同位体比を測定し、生物起源ではないかという値を報告している。

一方、ジェイムズ・ウィリアム・ショップのグループによるそれらの研究よりもいち早く、上野雄一郎准教授は、ピルバラ地域の地層から、微生物様の化石を発見し（図2-3）、ラマン分光スペクトル解析とＳＩＭＳ（二次イオン質量分析計）と呼ばれる当時最先端の

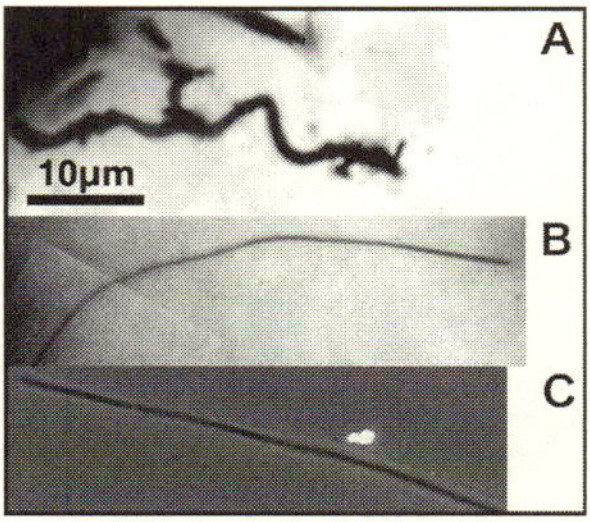

図2-3●西オーストラリア、ピルバラの地層から見つかった微化石の写真(A)(B)。形だけでなく、黒く見える部分の炭素の存在形態が有機物由来で、「安定同位体比が極めて軽い」ことから、かなりの確かさで太古の微生物の化石であると考えられる。東京工業大学大学院理工学研究科上野雄一郎准教授提供。(C)は同じ縮尺での、超好熱メタン菌メタノパイラス・カンドレリ116株の顕微鏡写真。

方法によって、それが微生物由来であることを強く示したのである。しかも上野准教授が微生物化石を発見した地層は、ピルバラ地域のノースポールであり、そこには35億年前の深海熱水活動の跡が残されているのである（図2-4）。

上野准教授の多くの論文で解説されているように、そこにはあたかも深海底の中央海嶺の拡大軸で起きていたかのような熱水活動の地層がまるでそのまま保存されたように存在し、断層に沿って上昇してきた熱水の通り道に石英が析出してきたような跡がはっきりと確認できる。その石英脈の中に見つかった微化石のラマン分光スペクトル解析の結果は石油や石炭とよく似たシグナルを示し、その炭素同位体比は−《マイナス》39‰という「極めて軽い炭素同位体比」を示す。

この「パーミル＝‰」という単位は少しわかりにくい単位であるが、アメリカのサウスカロライナ州のピーディー層という地層で見つかるイカの仲間の軟体動物の石灰化石の炭素

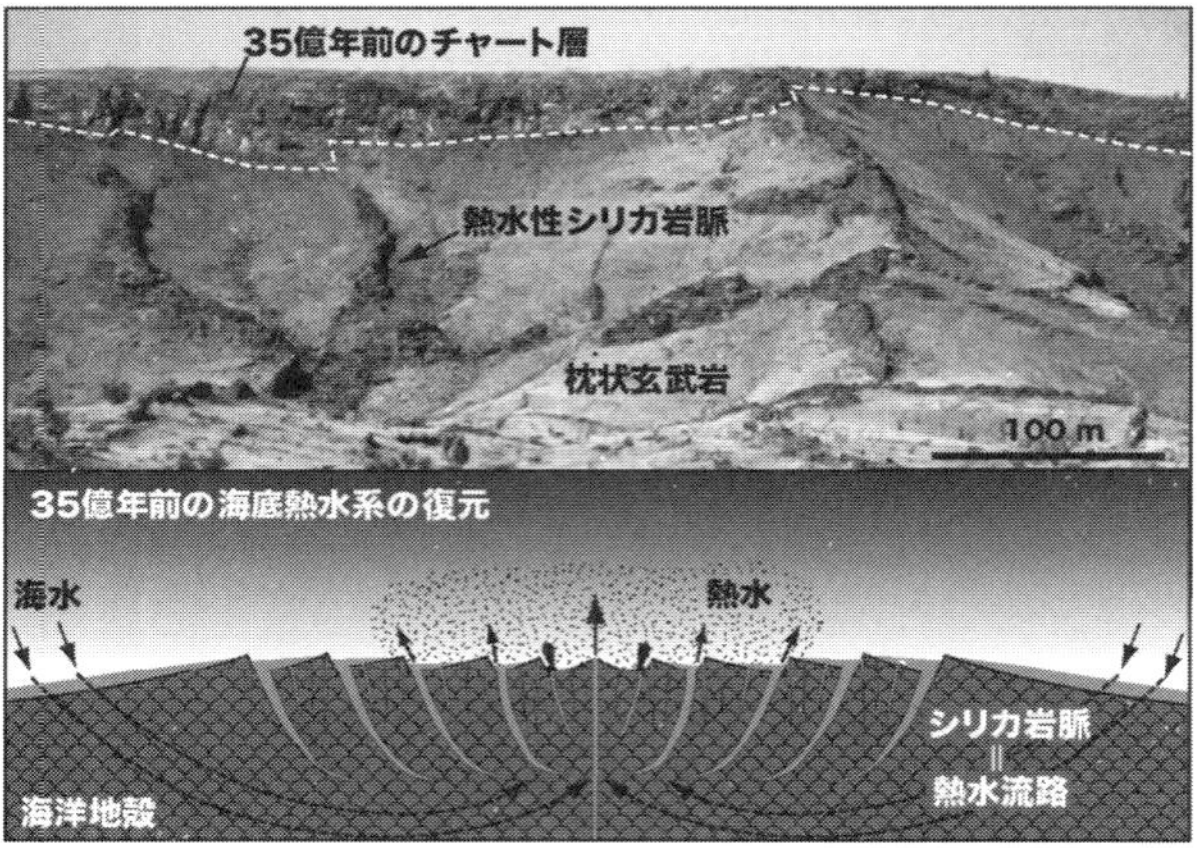

図2-4●西オーストラリア、ピルバラのノースポールに見られる約35億年前の深海熱水活動域の地層（上）とその復元モデル（下）。盛り上がった岩石の部分が、太古の海底下の熱水の通り道と考えられる。熱水の通り道の石英脈の中に約35億年前の熱水が保存されており、そのメタンの起源が明らかにされた。また熱水の通り道には、無数の微化石が見つかるらしい。東京工業大学大学院理工学研究科上野雄一郎准教授提供。

同位体存在率を標準物質として、その標準物質からのズレを千分率で表したものである。要はマイナス側に大きくなれば、「軽い炭素同位体比」であり、プラス側に大きくなれば、「重い炭素同位体比」ということである。同位体比は、すべて同じような表記を使う。

私の感覚では、上野准教授のこの論文は、ジェイムズ・ウィリアム・ショップの論文と比べものにならないぐらい、「最古の生物化石」としての証明力が高いと思う。

熱水のタイムカプセル

この研究の最も重要な点は、「極めて軽い炭素同位体比」が微生物化石様構造から得られたことに尽きる。二酸化炭素から軽い有機炭素が作られるのは、同位体比が軽くなればなるほど、酵素反応以外の物理化学過程での可能性が減少し、生物による可能性が大きくなる。それ以外に軽い有機炭素を作るには、二酸化炭素より元々の炭素同位体比が軽いメタンを使うことでも達成できるが、その場合もほぼ微生物作用しかないと言えるのである。ゆえに、ピルバラのノースポールの35億年前の深海熱水活動域の熱水脈中の微生物様構造物は、おそらく世界で最も信頼できる「最古の生物化石」と言えるのだ。

次に上野准教授は、同じノースポールの熱水脈の石英中の流体包有物というものに着目した。高温熱水は、充分岩石と反応することで、岩石中のケイ酸（シリカ、SiO_2）をいっぱいいっぱいに溶かし込み（飽和）、地殻内を上昇する。比較的温度の低い地殻の中に逃げてゆくと温度が下がる。または低温の海水と混じることでも同じように温度が下がる。温度が下がるとシリカの溶解度も下がるので、熱水から沈殿して石英脈を形成する。実際、温泉の井戸や地熱発電所の熱水のパイプにはこうしたシリカの沈殿物がどんどん溜まるのである。

比較的低温になった熱水からどんどん沈殿してゆく石英脈には、流れていた熱水も包有される。こうして35億年前の熱水が石英の中に完全にシールされ、その後の変成にも壊れず現在に残される場合がある。

上野准教授は、その35億年前の熱水のタイムカプセルから化学化石の分析に挑戦し、ついにその流体包有物に閉じ込められた二酸化炭素とメタンの量と炭素同位体比を測定することに成功した。その結果、流体包有物のメタンの炭素同位体比が極めて軽いものであることを見出した。

地球上に存在するメタンの供給源

そう炭素同位体比を軽くするのは、生物作用が絡んでいる兆候なのである。この場合はよくわからない有機炭素の集まりではなく、メタンだ。

地球には、主に四つのメタンの供給源がある。

（1）マグマから供給されるメタン。これは高温のマグマの中に、二酸化炭素と水素が存在していると高温の化学反応によってメタンが生成されるという反応である。メタンの炭素同位体比は、二酸化炭素とあまり変わらない（－5‰ぐらい）。

（2）フィッシャー・トロプッシュ型反応と呼ばれる化学反応で水素と二酸化炭素から作られるメタン。大体200℃以上400℃以下ぐらいの温度で、触媒が存在すると水素と二酸化炭素が反応して、メタンを生成する化学反応である。自然環境中の話で言うと、マントルに存在する超マフィック岩を構成する鉱物が水から大量の水素を生成するのだ。そして生成された大量の水素が、これまた鉱物が触媒になってメタンに変換されるということであり、超マフィック岩があるとこのタイプの反応がどんどん進むのである。その炭素同位体比は、実は微生物が作るのと変わらないぐらい軽いメタンになる可能性があるということもわかってきた。

（3）有機物が堆積して、それが熱による変性を受けてメタンが飛び出してくる過程。基本的には石油や石炭と同じようなでき方であるが、石油ができるより高温の場合、メタンができやすい。元はと言えば、陸上の植物やプランクトン（藻類やバクテリア）や海洋のプランクトン（藻類やバクテリア）が堆積したものなので、生物由来の炭素化合物からできるのであるが、でき方が熱によるもので非生物作用である。「熱分解起源」と呼ばれる。

この場合の炭素同位体比は同時発生する二酸化炭素が－20‰ぐらいだと仮定すると－40‰

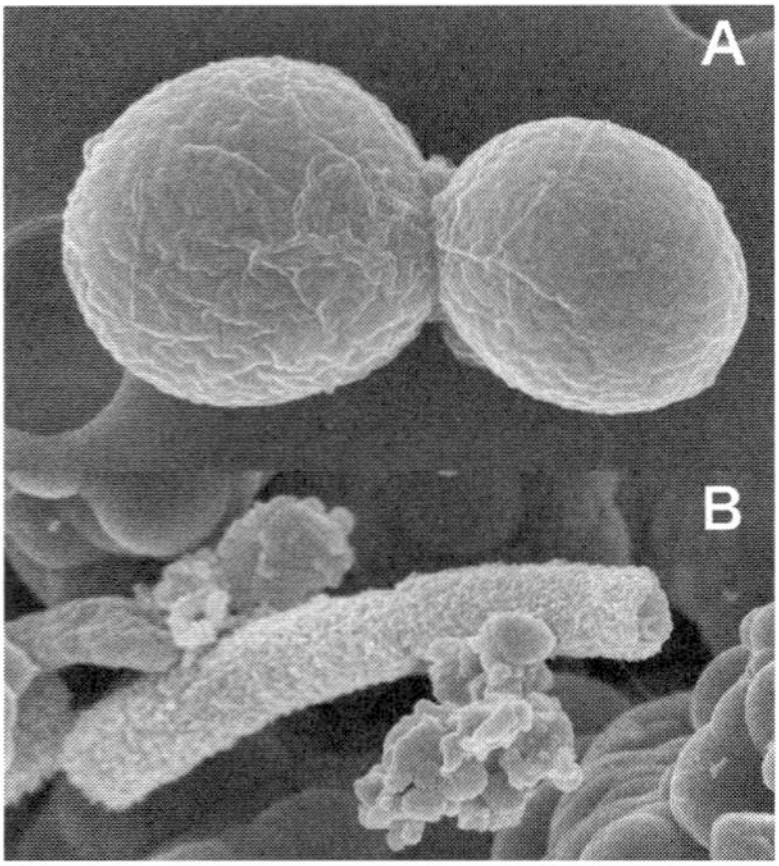

図2-5●崇高なるアーキア、メタン菌の中でもさらに崇高なる超好熱メタン菌の走査型電子顕微鏡写真。(A)はメタノトリス属メタン菌、(B)はメタノパイラス属メタン菌。

ぐらい。

(4)微生物がシコシコ作るメタン。

これにはさらに大きく分けて3パターンあって、水素と二酸化炭素からアーキア(古細菌)が作る、酢酸からアーキアが作る、メチル化合物(メタノールとかメチルアミンという海洋性生物の腐敗物に多い物質)からアーキアが作る、ものである。パワフルにメタンを作ることができるのは(間違って作る能力はバクテリアやその他の生物にもあるらしい)、アーキアのみに、いや一部の崇高なるアーキア(メタン生成菌、メタン菌)のみに、与えられた能力である(図2-5)。

メタン菌によって作られるメタンは、基本性能として炭素同位体比がめちゃ軽くなる傾向がある。しかも水素と二酸化炭素から作る場合のほうが、同位体比は軽くなる傾向があり（二酸化炭素に比べて－30～－70‰ぐらい）、次いでメタノール系、最後に酢酸から、というように重くなる傾向がある。しかし、実際の自然環境では、微生物の作るメタンの炭素同位体比は、どれだけメタンが作りやすいかというエネルギー状態で決まる（例えば水素が大量にある時には、超好熱メタン菌が作るメタンは、「えっ、マグマ起源とちゃうの？」と言いたくなるくらい炭素同位体比が重い）ことが、私の研究で示された。ゆえに、過信は禁物である。

好熱メタン菌は35億年前に存在した

実際に、35億年前の熱水中に封じ込められてきたメタンの炭素同位体比は、二酸化炭素と比べて－52‰程度軽くなることがわかった。極めて軽いメタンが見つかったということだ。

もちろん、炭素同位体比が軽いから、それが間違いなくメタン菌によるものだとは言えないし、炭素同位体比が重いからと言ってメタン菌によるものではないとも言えない。

しかし、軽いメタンは、微生物作用以外の可能性をより強く排除しやすいことは間違いない。つまり、上野准教授のこの研究は、35億年前の海底下の熱水活動域の熱水中に、メタン菌が、さらに推論を進めるならば、好熱性のメタン菌が水素と二酸化炭素から生成したメタンが含まれていた可能性を強く示すものであった。

しかもこの研究は、単なる「生命の化学化石」ではなく、「特定の（エネルギー代謝）機能を持った微生物の化学化石」を示した点で、大きなインパクトを世界中に与えたのだ。ちなみに論文は２００６年のネイチャー誌に掲載されているので興味のある人はぜひ。

どうやら35億年前の深海底熱水活動域には、好熱メタン菌がすでにうようよと生息していた可能性がわかった。上野准教授の研究では、流体包有物に含まれていたメタンを測定しており、そのメタンは基本的にはそこを流れる熱水に普遍的に溶解していたものと解釈される。

ということはそのメタンを作った好熱メタン菌は熱水の通り道のもっと深部に生息していたと考えられるが、上野准教授の微化石の研究成果で示されるように、熱水の通り道に炭素同位体比の軽い微生物のような形が観察されているので、あれがメタン菌だと仮定すると（結果からは矛盾しない）、熱水沿いにミッシリと生息していたと思われる。

さらに言うと、熱水の通り道のみならず、熱水が噴出した海底、海水中にも同様のメタン菌はうようよしていたはずなのだ。ちなみに、上野准教授の研究で、地殻の中の熱水の通り道にできた流体包有物を、深いところから海底面に向かってかなりの空間的広がりで追跡すると、もしかしたら深部から海底に向かって、メタンの炭素同位体比は軽くなっていくかもしれない。実際の現世の深海底熱水活動域では、熱水の流路が長くなるほどメタン菌によって作られたメタンが蓄積してゆくために、その炭素同位体比が軽くなる傾向が見られる。上野准教授に今度聞いてみよう。

もう一つの微生物硫酸還元菌

これだけではなかった。同じノースポールの深海熱水活動域の跡地で、次に、硫酸バリウムとして沈殿したバライトという鉱物や、玄武岩や堆積物、熱水脈に沈殿した二硫化鉄（パイライト）という鉱物に目をつけ、その硫黄元素の同位体比をどんどん測定していった。多くの場合は、硫酸還元菌という微生物の作用が、硫黄同位体の測定から推定されるのだ。

硫酸還元菌というのは、メタン菌に比べると崇高ではないが、まあまあそこそこイケてる微生物（あくまで個人的な好みです）で、主に他の微生物（発酵菌とか従属栄養酸素呼吸菌）が食い散らかした残りカス（それには時々、水素と二酸化炭素も含まれる）が、海底や湖底、川底に溜まり、酸素がない状態で、酸素の代わりに硫酸を使って呼吸することによって溜まった有機物を分解して生きている微生物である。

硫酸は還元されて硫化水素になり、堆積物中の鉄分と結び付いて真っ黒なヘドロのような色、臭いを作り出す。そうヘドロを作る奴だ。

そこそこイケてるという理由は、この硫酸還元菌がいないと、ヘドロができなくて、有機物がどんどん溜まっていく一方なのである。

つまり、植物や光合成微生物がどんどん二酸化炭素と固定して有機物を作ると、結構、二酸化炭素は大気中から減っていってしまう。海底や湖底、川底に溜まった元々二酸化炭素だった炭素は、この硫酸還元菌（とメタン菌）の働きによって、もう一度二酸化炭素やメタンになって戻ってくるのだ。ゆえに、この菌がいないと、大気中の二酸化炭素濃度が減少し、地球寒冷化になってしまう可能性がある。

比較的最近の過去の地球の温度と海洋堆積物中の硫酸還元菌の活動度（海洋中の硫酸濃度から見積もられる）には相関があって、硫酸還元菌ががんばると温度が上昇し、がんばっていないと温度が下がるような傾向があるとかないとか言われており、真偽の程はともかく、結構地球規模での物質循環を考える上では、重要な微生物である。

この硫酸還元菌が、硫酸を還元すると、できた硫化水素の硫黄同位体比は、硫酸に比べてかなり軽くなること（－5～－40‰程度）が知られている。その同位体分別効果は、硫酸濃度と硫酸還元エネルギー収量によって、大きく左右されると考えられている。

ピルバラのノースポールにおいては、2001年に、バライトとパイライトの硫黄同位体比が測定され、最大－21‰程度の同位体分別が見つかり、「すわ、世界最古の硫酸還元菌の化学化石か」という論文が発表された。

一方、2000年ころから大気を含めた地球規模での硫黄循環を理解する上で、新しい多種硫黄同位体比の測定法が可能になり、様々な物理・化学・生物作用の研究に応用されるようになった。これらの研究によって明らかになった重要な発見は、25億～21億年前に、地球の硫黄循環に劇的な変化が生じたこと、つまりそれは、その間に大気中の酸素濃度が上昇したこと、を意味する。そして、それ以前の地球では、全球的な硫黄循環において、大気の影響（あるいは大気中の光化学反応の影響）がめちゃくちゃ大きかったに違いないということがわかってきたのだ。

つまり硫黄の安定同位体比の研究によって、太古の地球における硫酸還元菌やその作用の出現を推定するには、メタン菌の作用を推定するよりも遥かに精度の高い方法論で、地質学的な条件を充分見極めた注意深い研究が必要となる。上野准教授は、そのような分野横断的な研究手法によって、ピルバラのノースポールに存在する様々なバライトとパイライトの多種硫黄同位体測定を行った。

その結果、メタン菌の時ほど単純にはいかないのだが、少なくとも35億年前の深海熱水活動域の周辺環境に、「硫酸還元菌のエネルギー代謝機能の化学化石」が存在することを明確に示した。これは2001年の発見の焼き直しではなかった。より信頼できる化学化石として、この上野准教授の研究を位置づけることができよう。

熱水を中心とした曼荼羅のような生態系の広がり

ノースポールにまつわる研究の紹介はこれぐらいにしよう。ノースポールの研究成果によって、35億年前の地球には、38億年前のイスアの堆積岩とは比べものにならないぐらい、より明確な生命活動の姿が浮かび上がってきた。

35億年前には、現世の地球における中央海嶺や背弧海盆とよく似た地質学的成因を持った深海熱水活動域が存在していた。ピルバラの他の地域の研究からも、その熱水活動は、ピルバラクラトン（地塊）だけに限ってみてもかなり高頻度に起きていたことが推測できる。

深海熱水の化学性質は現時点ではわからない。それは第1章の最後で触れたが、熱水を作る岩石と海水によって決まってくるからだ。岩石については、ピルバラには、玄武岩、花崗岩の他にコマチアイトという超マフィック岩の存在が知られている。

この中で当時、海洋地殻に優占していたのは玄武岩と考えられるが、コマチアイトもかなりあったようである。そして、様々な微生物の化石と考えられる微化石も多く見つかる。

それは当時の深海底熱水活動域の周辺に、極めて豊かな微生物生態系が形成されていた証拠であろう。海洋中には酸素がほとんどなく、現世の深海底熱水活動域のような海底下と海洋中には環境ギャップはなかった。熱水を中心とした曼荼羅《まんだら》のような生態系の広がりが存在していたことであろう。

そして、少なくとも二つの重要な微生物のエネルギー代謝が既に存在していた可能性が高い。水素と二酸化炭素からメタンを作り出し、一次生産をバリバリこなせる好熱性メタン生成と海洋中に存在していた硫酸を還元できる硫酸還元である。

硫酸還元は、好熱性のものが優占していたと考えられ、であれば一次生産も可能だったかもしれないが、それについては未だわからない。それには、当時のメタン生成と硫酸還元の活動度の比較が必要であろう。でも多分将来できると、私には確信のようなものがある。

そして、全く証拠というものは見つかっていないが、少なくともあともう1種類のエネルギー代謝は間違いなく存在し、メタン菌と硫酸還元菌と豊かな生態系を形成していたに違いない。好熱性有機物発酵（有機物を栄養源として酸素を全く使わずに何とかエネルギーを取り出す代謝であり、最古のエネルギー代謝と考えられている。詳細は第5章で説明する）である。さらに硫黄還元菌が存在していても、地質学的証拠とは矛盾しない。

このような豊かな深海熱水微生物生態系は、初期生命の繁栄の場所と生態系の構成微生物やエネルギー代謝についての重要な手がかりを与えてくれた。しかし、一方でその生態系は、「地球生命の誕生と最古の持続的生命」からはかなり進化したものとも思える。「地球生命の誕生と最古の持続的生命」を語るには、少なくとも38億年以上前に戻る必要がある。そして生命を誕生させる材料集めの時代、化学進化から始めよう。

第3章 生命発生以前の化学進化過程

生命とは何か

この章を始めるにあたり、いや本書を書くにあたり、本当は一番最初に論じるべき問題があることはわかっていた。しかし、ついつい引き延ばしてしまった。

それは、何をもって生命と考えるかという「生命の定義」の問題である。歴史上、これには形而上学的あるいは科学的な解答がいくつも出されてきた。

実は、それを知ることができる素晴らしいインターネット上のサイトがあるのだが、ご存じであろうか？　というより、本書の第2章から第4章にいたる一連の流れが、すべて文献情報とともに、正確な情報として「無料」で公開されているサイトがあるのだ。

あぁ、それを教えてしまうと「生命の起源」関係の書籍が全く売れなくなるので、タブーかもしれない。しかし、いずれ世界は真実を知る時が来る。

紹介しよう、現在、慶應義塾大学先端生命科学研究所の助教をされている仲田崇志氏の「きまぐれ生物学」というサイト（http://www2.tba.t-com.ne.jp/nakada/takashi/）である。その中の「生物の起源~細胞生命の起源~」という文章は秀逸であり、現在有償のいかなる本よりも、最新かつ網羅的な情報がちりばめられている。ただし、研究者向けなので攻略難易度は高めである。また管理者の仲田氏によると、あくまで個人契約しているプロバイダーのサーバーであるため恒久的に閲覧可能であるとは保証できないとのこと。今すぐチェキラ、と言いたいところだが、なるべく本書を読み終えた後にチェキラしてください。

仲田氏は、その文章中で「生命の定義」について以下のように紹介している。

「生命」の定義は多くの人が試み続けており、未だに決定的なものは出されていません。最近では Luisi（1998）、Koshland Jr.（2002）、Ruiz-Mirazo *et al.*（2004）や Oliver & Perry（2006）などが「生命」の定義を行っています。またNASA（アメリカ航空宇宙局）の用いた定義も有名でよく引用されます（Joyce, 1994）。

参考までに、NASAの定義、Ruiz-Mirazo らによる定義および Oliver と Perry による定義を引用、訳出しておきましょう（訳出のみ引用）。

NASAの用いた定義

生命とは、ダーウィン進化を受けることが可能な、自己保存的な化学系である。

Ruiz-Mirazo *et al.*（２００４）による定義
「生きている物」とは、自由に進化する能力を有した、あらゆる自律的な系である。
Oliver & Perry（２００６）による定義
生命とは、外的および内的変化に応答し、自己の存続を推進するような方法で自己を更新する自律系を可能にするような事象の総和である。

その上で、重要なのは「（地球）生物の定義」であるとして自身の定義を示されている。
「生物：１つまたは複数の細胞からなる物体で、総体として自己保存しており、その物体中の細胞が含む遺伝情報に基づいてつくられるもの」
結構難しいデス。こういう哲学的なのが好きな人もいるかと思って、引用させていただいた。個人的には、Oliver & Perry の定義が一番正確に表現できていると思うが、解説的でややダサい。ＮＡＳＡの奴は、かっこはいいが、不充分って感じ。

丸山工作氏による生命の定義

やはり学生さんに教えるのなら、私の学生時代の教科書、丸山工作著『新しい生物学』

（培風館）に書いてあった生命の定義が、私の生命観を創り上げてしまったという意味で一番ぴったりくる。

そこには、生命の定義とは、

（1）自己複製（細胞や遺伝情報の複製）

（2）代謝（自己維持のためのエネルギー獲得や生体分子の合成）

（3）いれもの（物理・化学的な境界）

と書いてあった。その後、何かで読んだ文章では、（4）進化する力（環境適応性や遺伝的ゆらぎ）が加わっていたと思う。

単純でわかりやすかったのだ。今から考えると、丸山工作氏の定義は「生命」（事象）というよりはまさしく「生物」（対象）の定義に近い。しかし重要なのは本質であり、本質は、仲田氏が紹介している定義とよく似ていることがわかる。

丸山工作氏の定義は、いわゆる分子生物学や細胞生物学の枠組みとよく適合しており、生物学を学ぶ第一歩として最適な入り口であろう。そして、例えば地球外惑星における生命探査のような、地球型生物ではない宇宙生命を想定するような場合においても一つの明確な指標を与えてくれる。

確かに、生命は地球に限った事象ではない。

宇宙においても、生命は誕生し存在しているのは間違いない。生命の定義を考えることは、地球の生命と宇宙の生命の間に存在する共通の原理を探ることでもある。

それは宇宙生物学（Astrobiology：アストロバイオロジー）と呼ばれる新しい学問体系の本質であり、それはエリア51やグレイとの遭遇やキャトルミューティレーション、アブダクション、矢追純一というような木曜スペシャル的なものとは一線どころか太平洋ぐらい画しているのである（個人的にはどっちも大好き）。

本書の内容に関して言えば、「生命の定義」問題は、化学進化からいつ生命と呼べるようなものになったのかという境界を認識するのに、極めて重要な問題である。

化学者や生物学者が、その境界を厳格に考えたくなるのはよーく理解できる。

しかし、もはや地質学、地球化学、生物学が渾然一体になってとろとろになってしまった私は、「生命の定義？　あんまり最近は気にしてないねぇ。近頃は生命を生命だけで考えたことないしねぇ。生命が生命のみで存在することはあり得ないしねぇ。生命を取り囲み、生命を含んだ環境（生命圏）の在り方やその中のエネルギーとか物質の流れがむしろ重要なんじゃないかと思うしねぇ。あと、一発屋の生命には興味ないしねぇ。ずっと続いた生命の繋がりにこそ心が揺さぶられるのであって、ポッと出の生命は所詮、あれよ、一発屋よ。そらそうよ」と思っているのである。

実は、先に紹介したOliver & Perryの定義は、同じようなことを言っているのだ。言い方が違うだけで。まあいい、とにかく、生命の定義は片付けた。では宇宙生物学的な立場から地球生命の誕生前史を眺めていこう。

真空にも様々な生体分子が存在する

「生命は生命を含んだ環境（生命圏）で考えよう。そうしよう」といったわけなので、化学進化についても同様に考えたい。

そうすると化学進化が起きた場と時についての状況から考える必要がある。場についてはいろいろ可能性があるので、まず時を考える。既に述べたように、「最古の持続的生命の始まり」は38億年以上前であり、あとは隕石重爆撃で全海洋蒸発までは起きなくなったような時期まで遡《さかのぼ》れるはずだ。

最後の巨大隕石衝突の時期の確実な証拠はないので、あとはエイヤで行くしかない。約40億年前と考えよう。冥王代～太古代境界である。ということは、それ以前に化学進化は充分起きていたと考えられる。

次に重要なのは、化学進化はどこでどのように起きたのかという問題である。これについては、最近、化学進化の大部分は宇宙で起きたかもしれないということがわかりつつある。それとは別に、生命進化も宇宙で起きたとする説もある。歴史的に有名なスヴァンテ・アウグスト・アレニウスのパンスペルミア説で、生命そのものが地球以外の宇宙のどこかから飛来したとする説である。

宇宙に関する科学に触れる機会が少ない一般の人々は、宇宙は「有」の空間と「無」の空間が混在しているイメージを持っているのではないだろうか。

星や惑星がある部分は「有」、その他の部分は「真空」だと。私も小さいころそう思っていた。しかし真空というのは決して「無」ではなくて、「密度、濃度がすごく薄いだけ」ということが「感覚」としてわかるようになったのは、実際、真空ポンプや真空計という機械をバシバシ使うようになってからである。

というわけで恒星や惑星、小惑星、彗星以外の宇宙空間にも、いろんな物質、地球に存在するような分子が存在している。水素（H_2）や一酸化炭素（CO）、水（H_2O）、一硫化炭素（CS）、アンモニア（NH_3）、シアン化水素（HCN）などの分子の他、有機物分子、ラジカル、それはそれは多様な物質が存在している。このような物質は、暗黒星雲（分子雲）という天体に濃縮して存在しており、その暗黒星雲が太陽系の元ダネになったと考えられている。この暗黒星雲中で化学進化は進行するということがわかりはじめてきた。

横浜国立大学大学院工学研究院の小林憲正教授は、現在の日本の化学進化研究の第一人者である。小林憲正教授著の２００８年に発行された『アストロバイオロジー』（岩波書店）には、その暗黒星雲での化学進化及び彗星による生体分子前駆体の原始地球への運搬が詳しく述べられている。

暗黒星雲では、星間塵という１μメートルに満たないほど小さなケイ酸質のチリに様々な物質の氷が付いた（アイスマントルと呼ばれるらしい）ものが漂っているらしい。星間塵にはもちろんどんどん宇宙分子が吸着するのであるが、その低温表面科学において、より複雑な有機物化合物が作られる可能性があるらしい。さらにそこに宇宙線や紫外線のようなエネルギーが加わると、アミノ酸前駆体のような複雑な有機物が生成されることが既に、バンバン明らかになっているらしい。小林教授らの研究では、分子量１０００を超える高分子の生成を確認している。「宇宙スゴし」である。

ホモキラリティー問題

さらにさらに、びっくりすることに、「生命の起源」問題では、ずっと昔から難問とされてきた「ホモキラリティー」の問題を解決するというのだ。

ここでいうホモキラリティーというのは、化学合成されたアミノ酸には、D型、L型という立体異性体（右手型、左手型とも呼ばれる）が1対1の割合で存在するのに対して、我々地球生物は、基本的には二つのタイプのうちL型（左手型）アミノ酸だけを使用しているというような話である（図3-1）。

もちろん「おいらは絶対L型しか使わねーんだよ。D型？　使っちゃあ、ご先祖さまに合わせる顔はねえや、40億年前から家ではそういうしきたりになってんの！」みたいな江戸っ子生物がいるとは思うが、実はほとんどの地球生物は、わざとD型を使って分解されにくくしたり、殺傷武器に使ったり、特効薬に使ったり、それなりの頻度でD型アミノ酸も使ったりしているのである。

とはいえ、基本的にはL型アミノ酸でタンパク質を創り上げ、そのタンパク質の働きで生命は支えられている。アミノ酸以外に、糖にもD型、L型という立体異性体があるが、我々地球生物は、ほぼD型の糖だけを使い、DNAやRNAという核酸を作るという「ホ

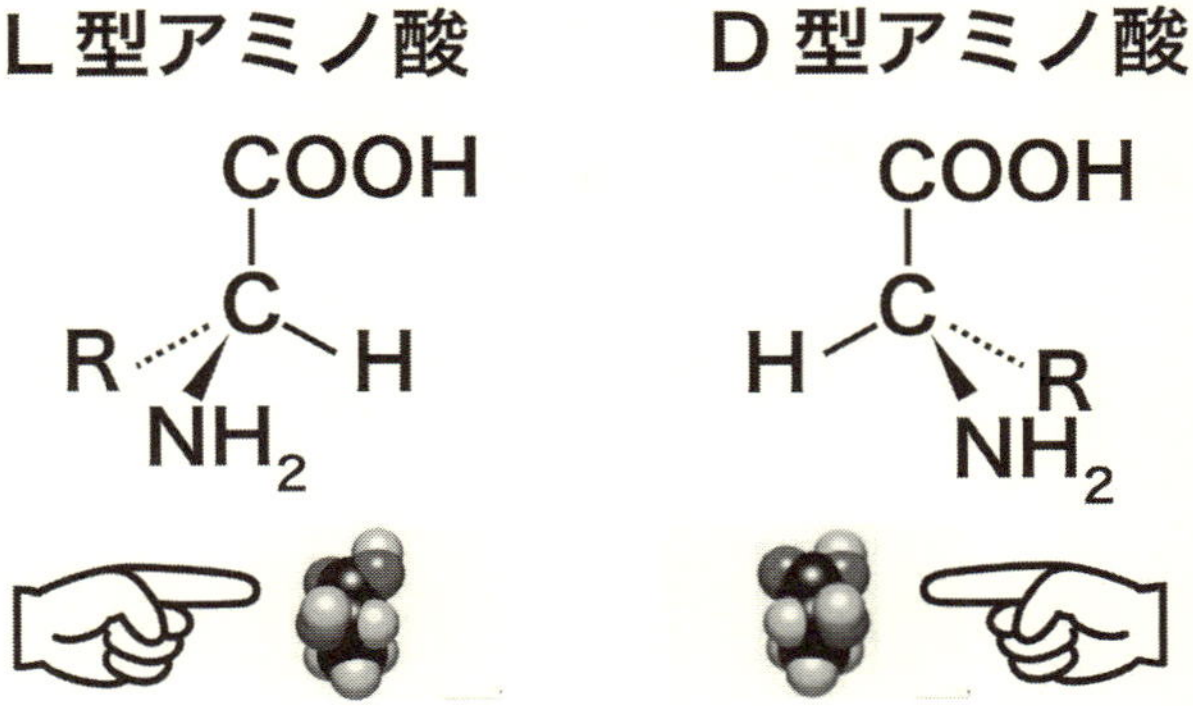

図3-1●アミノ酸の立体異性体。同じ化学式でも鏡で映したかのような異なる構造をとるような化学物質を立体異性体（鏡像異性体）と呼ぶ。地球の生命の多くは、圧倒的にL型アミノ酸だけをタンパク質の材料として使う。これをホモキラリティーと呼ぶ。その他、糖にもD型とL型があり、糖の場合はD型だけが核酸などに使用される。

モキラリティー」問題がある。

宇宙での化学進化においてキラリティーの偏りが起きている（1～2％程度）ことがわかったのは、隕石中の有機物の解析結果による。そして隕石中の有機物の起源を探っていくうちに、彗星の有機物の発見、暗黒星雲での化学進化へと繋がっていった。

さあここからの説明は難しいよ。

星間塵でアミノ酸様有機物が形成される時、超新星爆発と中性子星が関与するのである。超新星爆発というのは恒星の最後の瞬間であり、恒星質量が太陽の8～10倍であれば、超新星爆発の後は中性子星になる。この中性子星は、周りの電子を重力で捕捉し、捕捉された電子の回転運動により、光を発するらしい。これがシンクロトロン放射と呼ばれる。このシンクロトロン放射の際、中性子星の極に対して円偏光の偏りができる。

わかりやすく地球にたとえると、北極方向では右円偏光性、南極方向では左円偏光性、赤道方向では特に偏りなし、というように。

その偏光性が偏ったシンクロトロン放射を受けると、例えばアミノ酸のL型だけが分解されやすいとか分解効率に差ができる。原始太陽系の祖先となった暗黒星雲が中性子星に対してどの位置であったかによって、「ホモキラリティー」の最初の一歩が決まるのではないかということが提唱されている。とはいえその差は1〜2％程度であるが。

その他、２００８年ノーベル物理学賞によって一躍有名になった「対称性の破れ」（ノーベル物理学賞の対象は「ＣＰ対称性の自発的破れ」がテーマであったが）が関与するという説もあるらしい。これも超新星爆発によって生じた大量の中性子が、暗黒星雲の物質と反応して、ベータ崩壊が多く発生し、そのベータ崩壊で飛び出る電子の巻き方には、左巻きが多く、それが宇宙におけるL型アミノ酸過剰の起源になったという説である。

ベータ崩壊によって飛び出る電子が、左巻きになるのは、今ある宇宙は既に「対称性の破れ」によって生じたものであり、その「対称性の破れ」によって生じた宇宙で起きるベータ崩壊にも「対称性の破れ」が存在しているのが理由らしい。

よし、もう一度おさらいをしておこう。

（１）宇宙空間にはすでにアミノ酸のような有機物を生成・濃縮する場とメカニズムがある。

（２）「ホモキラリティー」への第一歩の「立体異性体の対称性の破れ」がある。

（３）太陽系の元になる暗黒星雲と超新星爆発の関わりが重要である。

太陽系の終わりと始まり

このおさらいでズドンと胸にきたことがある。

宇宙の始まりは１３７億年前のビッグバンである。太陽系の始まりは原始太陽系の元となった暗黒星雲の収縮が45億６８００万年前とすると、今の太陽系は、何か別の恒星の死の後に作られたものであるので、その別の恒星はその太陽系を持っていただろう。そのアナザー太陽系には、持続的生命が存在していたかもしれないし、持続的生命はなかったとしても化学進化は進行し、一発屋生命ぐらいは何度も現れて消えていったかもしれない。

つまり私の心が震えたのは、恒星やその恒星の太陽系が、最後の最後に死を迎える時、つまり超新星爆発を起こす時、それまでの何十億年という物質と生命と秩序の進化を、終焉させる破壊が行われる。

それは、本当に「破壊」という名にふさわしい激しい量子レベルの破壊が中心である一方、原子レベル、分子レベルでの壮大な物質の撒き散らしも伴う。

そのような「あるシステムの爆発的破壊」及びエネルギーが実は、次の新しい生命を含めた太陽系というシステムの「始まり」とそのエネルギーを用意する。いや、用意するのではなく、「終わり」と「始まり」が一体化しているということを心の底から理解した。

実は、この段落を書く前まで、私の中にあった生命の歴史は、40億年前の原始地球、原始海洋からでしかなかった。

もちろん太陽系の地球外生命の可能性を信じているし、その誕生や持続的進化についても想像はあった。しかし、太陽系惑星や衛星での生命誕生以前の「生命の繋がり」になど、一度も思いをはせたことがなかった。

しかし、宇宙における化学進化をまとめようと試みたことによって、もちろんその元ネタのほとんどは小林教授の「アストロバイオロジー」なのであるが、その感覚が私の中に落ちてきたぞ。

がらくたワールド説

私の人生において2回目の「解脱」が今ここで起きたので（1回目の「解脱」は6年ぐらい前、「ハイパースライム」発見直後に起き、持続的最古の生態系の感覚が落ちてきた）、もはやアレだが、他の可能性にも触れないわけにはいかないので、一応補足しておきましょう。

暗黒星雲での化学進化は、45億6800万年前に始まった太陽系の形成とともに、ほとんどは藻屑と化した。原始太陽系の形成は、太陽や惑星を創造する過程であるから、一つ一つの有機物は消し飛ぶ。また原始地球形成のプロセスは地球におけるその有機物の存在可能性を完全に消し去るに等しいものだった。

しかし、暗黒星雲での化学進化の一部は、カイパーベルトと呼ばれる太陽系外天体の存在部分やさらにその外側に存在すると言われているオールトの雲と呼ばれる部分に残された（図3-2）。あるいは、原始太陽系の中の無数の小惑星にも残ったかもしれない。

彗星はその暗黒星雲の化学進化産物を太陽系に運ぶ役割を果たす。原始太陽系の小惑星

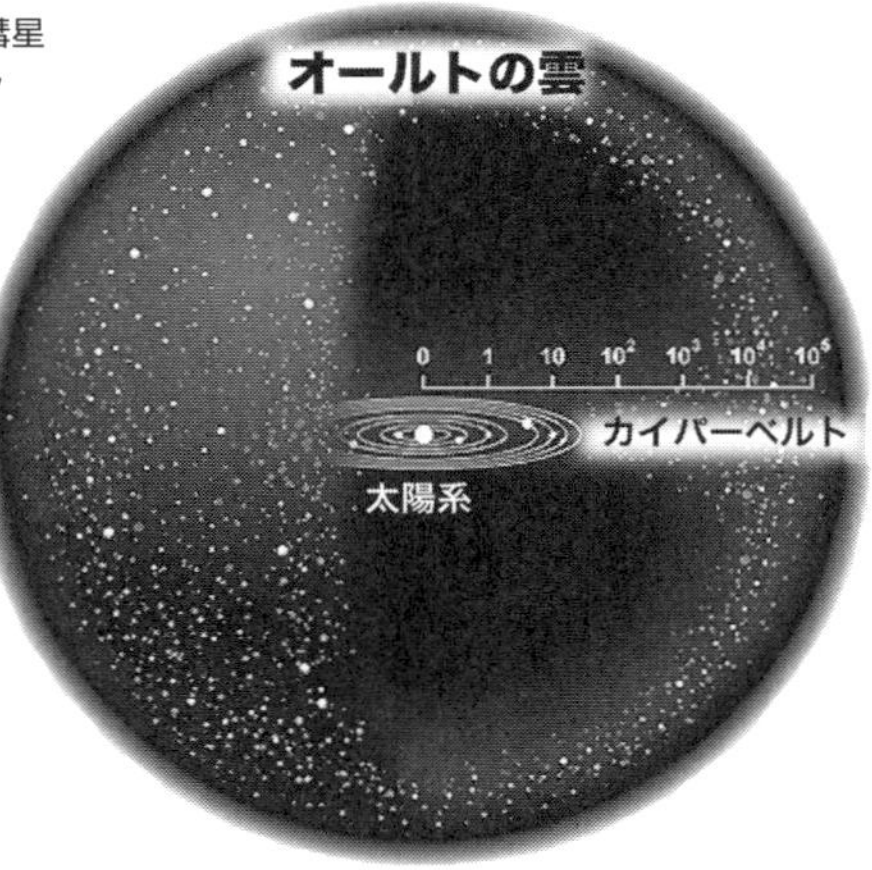

図3-2●太陽系外に彗星の巣（カイパーベルト）や天体が濃縮した部分（オールトの雲）があることがわかってきた。太陽系にやってくる彗星はカイパーベルトやオールトの雲に由来すると考えられる。

にはそのような有機物がさらに濃縮され、隕石重爆撃期には、多くの隕石から原始地球に有機物がもたらされた可能性がある。

小林教授は、宇宙から生体高分子の前駆体になるような有機物が原始地球に供給されたというシナリオと、また後述する原始地球上（特に原始大気）で有機物が作られたというシナリオを組み合わせ、「生命の誕生」のための材料が用意されたという説を提唱している。とはいえ、その多くは材料としては役に立たなかった「がらくた」であっただろうということも踏まえ、その説を「がらくたワールド説」と呼んでいる。

名前から受ける印象はともかく、「がらくたワールド説」は魅力的である。「ホモキラリティー」問題の第一歩を解決しているし、地球上での有機物合成の量的な問題（本当に生命を誕生させるほど豊富に作れるかという問題）を補足もしくは凌駕することができるし、また多くの「がらくた」は、一発屋生命を含めた誕生する生命のエネルギー源（有機物発酵のエネルギー源）になったと考えることができる。

この生命材料が宇宙からもたらされたと考える説は、ある意味「宇宙から生命の播種がやってきた」とするパンスペルミア説に近いものであろう。小林教授も「化学パンスペルミア説」と言っていた記憶がある。現時点では、私は「化学パンスペルミア説」及び「がらくたワールド説」に、全面的に賛同する。

火星で先に生命は生まれた？「パンスペルミア説」

しかしながら、真正「パンスペルミア説」、つまり「地球生命は宇宙から飛来した生命から始まる」というものはどうだろうか。未だそのストーリーが、納得できるほど美しくないので、全面的には賛同できないが、一部魅力的な部分もある。

まず、古典的「パンスペルミア説」（どこか遠い宇宙から飛来すると仮定したもの）は、ほぼ無理。理由は簡単である。生命が宇宙を旅して、地球に落下して、しかもそこから自己維持、増幅、伝播するという各ステップが、それぞれ不可能ではないが、それぞれが極めて小さいから、かけ算すればほぼゼロでしょうと思うからだ。暗黒星雲での化学進化は可能でも、暗黒星雲での持続的生命は不可能。

なぜか。地球生命の有するエネルギー獲得システムでは、暗黒星雲の星間塵でのエネルギー獲得ができないから。また、太陽系の小惑星帯より外側の惑星や衛星で生命が誕生したとして、その生命が地球にたどり着くのもほぼ無理。というわけで、最近の「パンスペルミア説」は、飛来の可能性として、金星か火星を想定するのである。

金星については、現時点では情報がなさすぎるが、火星については多くの新しい研究成果が着々と積み重ねられてきている。その中でも、興味深いのは、火星のコア形成や、火星原始海洋の始まり、火星プレートテクトニクスの始まり、火星磁場の形成、といった地球の進化と似たようなプロセスが、すべて地球より早く進行したのではないかという説である。この説は、2008年に発行された『火星の生命と大地46億年』(講談社)に詳しく述べられている。著者は丸山茂徳、ビック・ベーカー、ジェームス・ドームの3人である。

内容はかなりの部分、東京工業大学大学院理工学研究科の丸山茂徳教授が作ったのではないかと思われる。まさに丸山茂徳ワールドが展開されていて、いろいろな意味でびっくりするし、何よりも面白い。丸山茂徳教授については、すでに一般の人々の間でも有名人なので、私が紹介するまでもないが、専門は変成岩岩石学というマニア度の高い分野とはいえ、全地球史解読など時空間をかける地質学分野で多くの独自のアイデア、研究成果を残してきた超大物である。

1998年に丸山茂徳教授と現東京大学大学院総合文化研究科の磯崎行雄教授が上梓した『生命と地球の歴史』(岩波新書)は、私が地球史研究の虜になるきっかけを作ってくれた本である。最近は、地球温暖化懐疑派の筆頭として、「地球はむしろ寒冷化に向かう」という宇宙気象学的立場にたった論陣を張っており、注目を集めている。

丸山教授は、基本仕様が、強烈な「反体制的人間」「独創科学至上主義」「一般的社会協調性の欠如」「エネルギーの塊」という独立栄養生物なので、まず中身より存在自体で好き嫌いを受けやすい人物であるが、とにかく「情熱のアツさ」「サイエンススケール」という部分は、私が出会った研究者では最高級だと思う。

確かに、一緒に大学の様々な仕事をするのはきついと思うが、サイエンスであれば楽しい。それに、前述の上野雄一郎、渋谷岳造、西澤学の各氏はすべて丸山茂徳教授の弟子、あるいは学生であった人々である。

確かに詳細に関する強引さが目立つ部分はあるが、私が感服するのは「火星のほうが、地球より惑星進化が早く進行し、生命誕生及び持続的生命の始まりも早かったのではないか」という部分である。

特に、火星原始海洋の始まり、火星プレートテクトニクスの始まり、火星磁場の形成などが真実であるなら、おそらく地球生命よりも火星生命のほうがより早く誕生し、進化した可能性は非常に高くなる。

化学進化の進み具合は、前述のように小林教授の「がらくたワールド説」に従えば、地球と火星に大差はなかったはずであり、私自身は原始海洋における持続的生命の始まりの大枠（大枠ですよ）は、地球だろうが火星だろうが変わりはないと考えている。

潜在的エネルギーの大きさは坂道の勾配

これに対して、例えば「スノーボールアース説」（地球はその歴史の中で何度も全球が凍結した氷の惑星になったとする説）提唱者の1人でもあるジョゼフ・カーシュビンクは地学雑誌にて（磯崎氏が和訳したものであるが）、火星生命はエネルギー代謝の面から地球生命よりも誕生しやすいという考えを明らかにしている。

論点は、原始火星表層環境（40億年ぐらい前）は、原始地球に比べ相対的に酸化的であったであろうということである。これは地球と火星のマントルの組成の違いや、火星隕石中の炭酸塩の酸素の同位体分別、推定される原始火星大気の組成などの点からかなり説得力がある。

カーシュビンクはその上で、原始火星環境のほうが、化学合成エネルギー代謝の組み合わせで得られるエネルギーポテンシャル（潜在的なエネルギーの大きさ）が大きく、その多様性も大きかったのではないかと指摘する（エネルギーポテンシャルについては第5章で説明する）。

この論文のポイントはここである。還元物質と酸化物質の酸化還元反応で得られるエネルギーポテンシャルは確かに、酸素のような強い酸化的物質があると大きくなり、原始地球のような酸素のない環境ではエネルギーポテンシャルは小さくなる。

しかし、ポテンシャルは言ってみれば坂道の勾配であり、急な角度ほど転がるボールのスピードは速くなるが、重要なのはもう一点、坂道の長さである。勾配が緩くても長〜い坂道であれば、転がるボールのスピードは稼げるのだ。この坂道の長さは、還元物質と酸化物質の濃度によって決まり、還元的な原始地球でも、例えば水素と二酸化炭素がたくさんあれば、ものすごく大きなエネルギーを稼げるのだ。ゆえに、獲得できる代謝エネルギーの量としてはそんなに地球が劣っていたとは思われない。還元的なマントルであれば、水素をたくさん作れる潜在能力があるからだ。

もう一点、酸化的な環境は取り出せるエネルギーも大きいが、同時に「招かれざる客」のエネルギー（化学的な酸化されやすさ）も大きい。つまり原始的な火星生命にとっては、利用できるエネルギーの可能性も大きいかもしれないが、作ったものを勝手に破壊されるリスクも大きいのである。

非常にいい加減なシステムから始まったと推測できる原始生命が、諸刃の剣である酸素を最初からうまく使えたかどうかは疑問である。むしろ原始地球における、一個一個の部品を作るのには時間がかかっても、壊れにくくてとりあえずギィギィいいながらも動くシステムのほうが、よちよち歩きの原始生命システムには有利だったと思える。

火星の生命は地球に適応できたのか

さらに言えば、仮に火星において酸化的な環境に適応した持続的生命が地球より早く始まったとしよう。軽い隕石衝突が、その生命をこってりと載せた火星岩石を地球に運んだ。

大部分は死滅したが一部が生きたまま地球にたどり着いた。

ここで問題である。火星の酸化的な環境に適応した原始火星生命は、還元的な地球でどのようにエネルギーをまかなったのであろうか？　酸素を使っていた生命に、急に二酸化炭素を使いなさいと言うことは、日本に初めて来た外国人に「これからは納豆だけを食え」と言っているようなものである。

というように、火星生命誕生は、大いにありうる話であり、それはそれで大好きだ。そして、地球と火星の間、生命が行き来していたと考えるのもオーライ（多分、適応できずにそのまま死に絶えるのであるが）。

しかし、どちらかがどちらかの起源になったと考えるのはやはり難しいと思う。火星には火星の、地球には地球の持続的生命の誕生と適応進化があったと考えるのがいいように思う。

もう一点腑に落ちない点は、たとえ火星のほうが進化の進行上の有利点はあったとしても、そして地球と同じような還元的環境に適応した持続的生命が誕生したとしても、隕石衝突による生命の破壊の確率はどちらもいっしょではないだろうかということである。

もちろん地球のほうが、質量が大きいので、より大きな、よりたくさんの隕石を引き付けた可能性はある。一方で、火星の海は地球よりも規模が小さく、より簡単に消失したとも考えられないか。ということは、最後の破局的な隕石衝突がどちらに起きたのかというあまり根拠のない丁半博打になってしまいそうである。

結局結論として言えることは、地球の持続的生命の起源を火星に求めなければならない根拠は、現時点ではないのである。ただし、逆にこの議論によって、原始火星に持続的生命が始まることが、原始地球で持続的生命が始まることと同じぐらいもっともらしいことであるということを理解していただけたと思う。

オパーリンの「有機のスープ説」

歴史的には、化学進化は原始地球で粛々と進行したと考える説が多数派であった。その場所と過程についても多くの説が唱えられてきている。しかし、すでに激白してしまったように、私自身は「化学進化は宇宙がメインかな」と思ってしまったので、やや手短に行きたいと思う。むしろ、地球での化学進化を考える上で、重要なのは「その時、環境はどうだったか」の部分のような気がする。それが難しいのだが。

地球上の化学進化を最初に考えたのは、ロシアのオパーリンであり、イギリスのホールデンであるとされている。

オパーリンと言えば「有機のスープ説」で有名な人である。この「有機のスープ」は、例えばヴェヒターショイザーによる「パイライト表面代謝説」（後述）のように反証しようとする説はあるものの、基本的に未だ根底を覆されていない強固なストーリーである。「有機のスープ」には、有機物を生成し、濃縮する過程が必要である。最初に原始地球での有機物合成を証明したのが、1953年のユーリーとミラーの実験である。「生命の起源」オタク成分たっぷりの読者には、「そんなの知ってるよ」の話であるが、仮想原始大気に放電、紫外線照射をすることによってアミノ酸を始めとする多くの有機物を化学的に作り出した。そこで問題になるのが、原始大気なのだ。

この実験では、メタン、アンモニア、水素、水蒸気が仮想原始大気として用いられたのであるが、これが例えば、メタンの代わりに二酸化炭素、アンモニアの代わりに窒素、水素はなしで水蒸気、というような組成にすると全然有機物が作れないのである。では40億年前の地球ではどうだったのか？

これは大分がんばって調べたのであるが、やはり明解な解答がないのである。

まず、隕石衝突によって岩石から脱ガスするものとしてはやはり水蒸気、二酸化炭素、窒素が主成分を構成したと考える研究者が多いようである。あとそれに、メタンと水素がどれだけ迫ったかはわからないが、それなりにはあったとする説もある。

しかし想定する原始地球の時期がまちまちであったりするため、40億年前ではどうかと言われれば「わかりません」と答えるしかない。ただし、やはりアンモニアというのは大気中に大量に存在することはあり得なさそうである。というわけでユーリー&ミラー型化学進化は、現時点では可能性が低い。

模擬隕石衝突実験で明らかにされた化学進化メカニズム

これに対して2008年に東北大学大学院理学研究科の掛川武教授のグループは新しい化学進化のメカニズムを提唱した。

2005年の段階で、原始大気及び原始海洋に隕石が衝突した際、その衝突エネルギーが窒素からアンモニアを生成するということを、模擬隕石衝突実験によって既に明らかにしていた。さらにそのアンモニアが溶け込んでいた原始海洋に隕石が衝突した場合、アミノ酸を含む多種多様な有機物が生成されるということを明らかにしたのだ。

この新しい化学進化メカニズムは極めて魅力的である。おそらくこのメカニズムだけでは、「ホモキラリティー」や「量」的な問題を解決できないかもしれないが、隕石による宇宙からの有機物の運搬の際に、さらに地球上で新たな化学進化が付加されることを示したのである。

本実験では、すでにアミノ酸が含まれる模擬隕石の実験は述べられていないようであるが、おそらく隕石中に既にアミノ酸のキラリティーの偏りが含まれていると、隕石衝突の際に何らかの重合反応が進行し、原始タンパク質が生成されると同時に、よりキラリティーを偏らせるメカニズムが働く可能性は大いに考えられる。

であれば、小規模な隕石衝突は、原始海洋をどんどん「有機のスープ」化し、「より高次な生体高分子に近い有機物」を蓄積させる役割を担ったと言える。隕石衝突は負の側面はあったかもしれないが、生命の誕生においてはその進行を急速に促進した正の側面もあったということだ。うーむ、大分生命誕生が近づいてきましたな。

掛川教授らの東北大学のグループは、隕石衝突によって生成されたアミノ酸が重合し、ポリペプチド（短いタンパク質）ができる過程まで追究している。同じく東北大学理学研究科の中沢弘基教授（現在は退官）が唱える「原始海洋堆積物中での生命起源説」を実験的に検証した。

1000気圧、150℃でグリシンを8日間置いておくと9個まで繋がることを明らかにした。たかが9個と言うなかれ、9個繋げるのはかなり難しいことなのだ。しかも触媒なしの状態で。

この実験は実際の堆積物との共存は試されていないので、おそらく粘土や鉱物表面があると、より反応は進む可能性がある。隕石衝突で生成されたアミノ酸が高温の地殻中で、より高分子化してゆくというストーリーは私にとっても、ヨダレが出る。どんどん大きくなっておきなさい、アミノ酸。高温の熱水環境に到達するまでに。

原始地球における化学進化の可能性

さらに最近、高温地殻内では、一酸化炭素やメタンとアンモニアからシアン化水素が生成されるという報告がある。シアン化水素は核酸の材料を作るためには必要な物質であり、地殻内化学進化はなかなかの高得点を稼いでいるな。

ちなみにアミノ酸が重合してポリペプチドになるのは脱水縮合という化学反応である。分子と分子をくっつけて、水を取り出すという反応は水の中では起こりにくい反応である。それゆえ、乾燥と湿潤が交互に起きるとよいという条件が考えられ、例えば三菱化成生命科学研究所の柳川弘志博士（現在、慶應義塾大学理工学部生命情報学科教授）による「干潟説」などいくつかのシナリオも存在する。

原始地球表層環境は、40億年ぐらい前であれば、まだオゾン層も地球磁場によるバンアレン帯と呼ばれる「放射能がバリバリ発生する地球上空の大気圏の境界帯」も形成されていないと考えられるので、宇宙線や紫外線が直接降り注ぐ環境であったかもしれない。実は原始大気には隕石衝突の影響などで濃い「もや」がかかっていたのだ。そうでないかもしれないという説もあるが。

とすると、表層で生成された生体高分子は速やかに水の中や地殻の中に運ばれるほうが分解されなくていいだろう。まだ地球から近い距離にあった月の潮汐は、巨大な潮間帯を形成して、干上がっている時に重合反応を進め、潮が満ちてきたら生成された生体高分子を周期的に海洋に溶かし込む役割を果たしていたかもしれない。この過程も、原始地球における化学進化に一役買った可能性は充分ある。

40億年前の深海熱水活動

そして最後に真打ちの登場である。ど〜ん、「40億年前の深海熱水活動！」。

ただしここで述べる深海熱水活動は、主に温度に焦点を置いた、抽象的なものとする。なぜなら、40億年前の深海熱水活動の詳細については後で触れるからだ。

ここでは40億年前の海底で起きた中央海嶺拡大軸や沈み込み帯での300℃近い高温熱水活動と海水との混合領域、あるいは拡大軸よりちょっと離れた拡大軸翼部と呼ばれる少し温度の低い100〜150℃程度の低温熱水活動とその周辺も含む。これらの熱水活動域での化学進化の研究は多く、多様な有機物が高温、低温の熱水活動条件で生成されることが知られている。

特に現長岡科学技術大学の松野孝一郎名誉教授のグループは、高温での熱水反応と熱水噴出に伴う低温海水による冷却を組み合わせたフコーリアクターを用いて、アミノ酸を10個以上重合させたり、熱水によって生成された炭化水素から作られる細胞膜状の構造物での生体高分子重合反応など、多くの成果を挙げている。

また、深海熱水活動域で特徴的なチムニー構造物や硫化物構造物、炭酸塩構造物は、条件が揃うと極めて多孔質な構造を形成するのだが、その孔こそ「原始細胞のいれもの」になったと考える説や、その孔の中の小さな熱対流が有機物の濃縮に極めて効果的に働き、生体高分子の重合や核酸の複製（コピー）において生命機能の肩代わりをしたという説など、他の原始地球のいかなる研究よりも、先行している。

熱水活動は基本的には、海水が地殻の中に浸み込んできて、岩石から成分が溶け出し、熱水（いわば出汁）となって、噴出するものである。最も高温に晒される海水や地殻は、400℃程度になるので、その前に含まれていた複雑な分子は壊れてしまうが、熱水活動域というのはその高温の熱水だけで成り立つ環境ではなく、最終的に海底で噴出する前、まるで河口の三角州のように、いっぱい枝分かれをしながら海底から放出される。

その熱水噴出河口では、実に複雑な海水と熱水の混合が起きており、海水がちょこちょこ地殻に浸み込んできたり、混合した低温熱水が溜まったり、二次的な熱水循環というものが形成される。このような二次的な熱水循環では、高温熱水で作られたいろいろな有機物と、既に述べたような他の化学進化過程で集められてきた海水中の有機物、そして地殻の中で成長した有機物などが、一堂に会する可能性があるのだ（図3-3）。

つまり、化学進化過程の総決算の場所に成りうる場であると言える。

マグマの量に比例する熱水活動の頻度

さらに言うと、40億年前の原始海洋において、このような深海熱水活動が、現在の地球

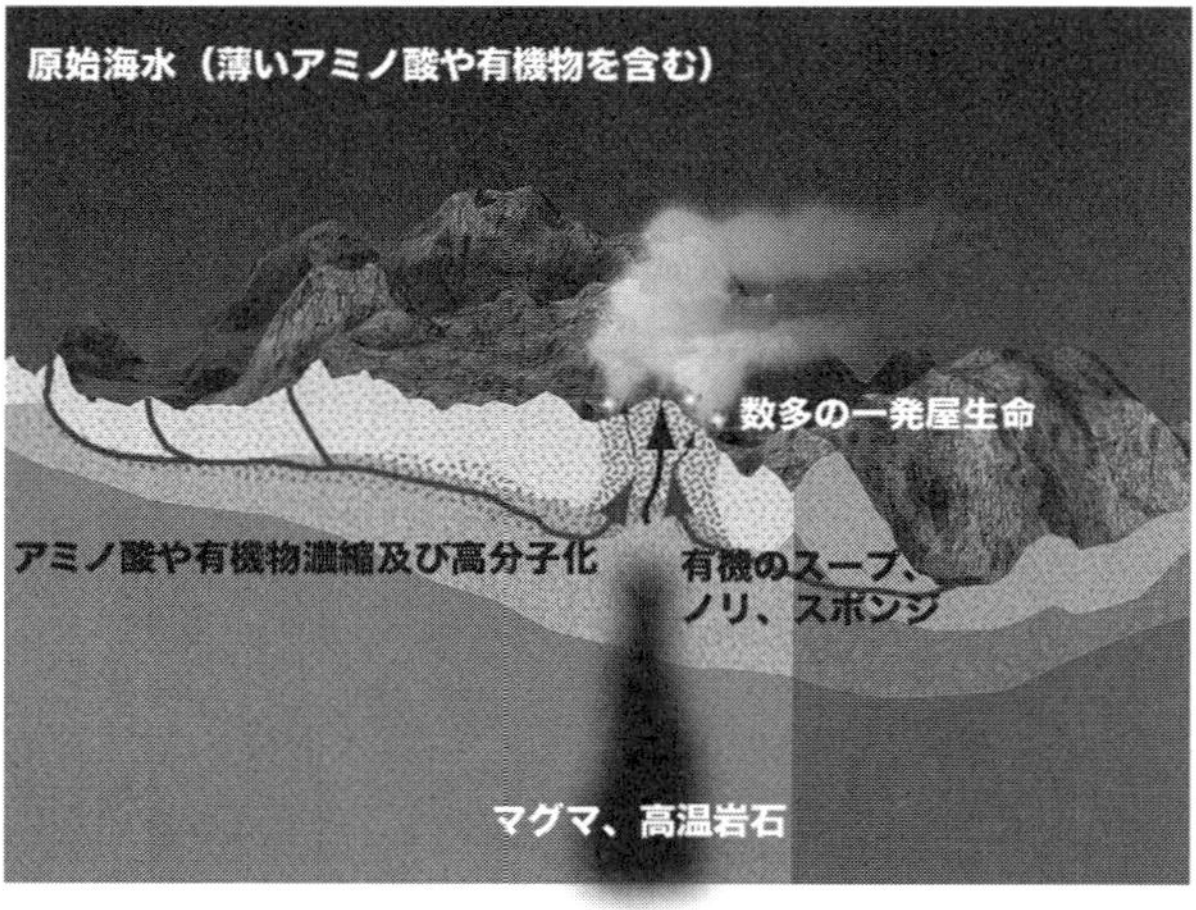

図3-3●原始海洋と原始深海熱水活動域での有機物の濃縮·高分子化の想像図。宇宙や原始地球の様々な環境で生成されたアミノ酸などの有機物は、低濃度で原始海洋に溶存していた。しかし、低濃度では生命を誕生させることができないし、コッテリとした相互作用も起き得ない。原始地球の海底の至るところにあった海底熱水系こそ、原始海洋中に溶存していた有機物を濃縮し、かつ新たに生成された有機物を加え、そしてそれを高分子化していった化学進化工場だった可能性がある。そして、海底面での噴出域では、熱水鉱物の表面や孔の周りに、ネットリと濃縮され、有機のノリやスポンジを形成した。そのような原始深海熱水活動域の周りでは、数多の一発屋生命が誕生しては、持続できず死んでいったに違いない。

の熱水活動の比ではないくらいたくさん存在していたことは間違いない。なぜなら、熱水活動の頻度は、ほぼ一義的に地球のマグマ生成量に比例するからである。

マグマオーシャンが引っ込んで間もない40億年前の潜在マグマ生成量は、現世とは比べものにならないであろう。35億年前の深海底であった西オーストラリアのピルバラ（南アフリカのカープファールでも）においても高頻度の熱水活動の痕跡が残されている。

おそらく当時の深海底は、あっち向いてもモクモク、こっち向いてもモクモク（あくまでたとえで、どれぐらいの間隔なんだと言われれば謝る準備はある）というぐらい熱水活動が多かったと思われる。

えーい、もう言わなくてもわかるだろう。現時点での化学進化研究の成果を客観的に集めただけでも、その可能性を足していくと「地球生命が深海熱水環境で生まれた可能性はやはり一番高い」と言わざるを得ない。別に他の環境の可能性を否定するわけではないが、あくまで可能性が一番高いということである。

原始地球で「生命の誕生」は数え切れないほど起きた

ちなみに、本書の最終目的は「地球における持続的生命の始まり――最古の生態系」を紹介することなので、生命の誕生に触れることはあんまり大したことではない。

原始地球において、「生命の誕生」はおそらく数え切れないぐらい起きたはずなのだ。もうそれはそれは数え切れないほどに。

もしその場で私が観察できていたら、「おっ、こっちは化学進化というレベルを超えているね。あっちのはまだ単なる化学反応の寄せ集めだね。全然ダメだね。おぉーあれあれ、1回増えちゃったんじゃない？　もしかして最古の生態系イっちゃう？　イっちゃう？　あーやっぱりだめか」みたいな感じ。

まあこれは言いすぎにしても、とにかく重要なことは、この無数の生命の誕生の中で、我々までたどり着いた地球生命の繫がりは基本的には1回しかないのである。

私は、その1回を偶然とは一切思っていない。必然であり、その必然性を追究したい。ただし、たくさんの同じ生態系がほぼ同時に存在した中で、本当に最初の最初に我々に繫がっていった生態系（人類で言えばミトコンドリア・イブと呼ばれるような人類）があるならば、その選択は偶然でしかないと思う。

本章では化学進化について勉強不足のため、理解した内容をサクサク進めたかったので、40億年前の原始大気や原始海水のこぼれ話は飛ばした。せっかくなので、最後でこぼしておこう。

既に述べたように、40億年前の地球の大気組成は、よくわかっていない。

本章では、二酸化炭素と窒素の酸化型大気を仮定したが、還元型の大気組成の可能性がないわけでもない。巨大隕石衝突の際にマグマオーシャンが形成され、その時のマントル分化（マントルに金属鉄がまだ結構残っていたかどうか）の程度によって、大気中の一酸化炭素やメタン、水素の濃度が決まるらしい。

また40億年前の原始地球の大気についてはカール・セーガンらの「暗い太陽のパラドックス説」（40億年前の太陽は今よりずっと光が弱く、地球は完全に凍り付いていたはずなのに実際はむしろ暖かかった証拠が多いという説）との関わりで、太古代を通じて、常に地球を凍らせないような温室効果ガスを考えねばならない一面がある。

セーガンらが考えたのはアンモニアであったが、それは現在ではほぼなしと結論づけられている。現状では、「二酸化炭素が多かったのだ」という説が一般的に受け入れられ、もしくは「それなりにメタンがあったのさ」という説もジェームス・キャスティング（ペンシルバニア州立大学の超大物）は言い続けているね、ワシよくわからんけど、というような状況を、本章では仮定した。

で、この原始大気の仮定が決まらないと、原始海水の特徴もフラフラするのである。そう、大気と海洋というのは密接に関わっている、相互依存性があるからである。最近の「地球温暖化」問題の影響で、多くの人がその関係性について理解するようになったと思う。現在の海洋は地球における最大の二酸化炭素の吸収源なのである。

さらに厳密に言うと、大気と海洋だけでなく、大気〜海洋〜地殻〜マントルは多かれ少なかれ相互依存性があるのである。そのため海水や大気組成というのは、地殻構成岩石やマントル組成が明らかにならないと本当のところはなかなかわからない。とはいえ、大気や海洋に比べて、原始地殻や原始マントルについては比較的予想しやすい材料は揃っている（第5章で述べる）。

40億年前の原始海水

さて、現在の地球大気中の二酸化炭素はだいたい0・04％（窒素ガスが79％、酸素が20％）で、海水中の二酸化炭素総濃度は2mMぐらいである。40億年前の大気中の二酸化炭素が例えばキャスティングの1993年の論文では10％ぐらいと仮定されている。大気中に二酸化炭素が10％も存在すると、原始海水には二酸化炭素が500mMぐらい溶けていると計算できる。二酸化炭素が500mMも溶けた海水と言えば、「コーラ」（計算上350mMぐらいの二酸化炭素が溶けた炭酸水）よりも強炭酸である。アワアワする海水である。泡だけでなく、かなり酸っぱい海水でもある。原始海水のpHは6ぐらいか多分それ以下であったと考えられる。現在の海水はpH7・5から8ぐらいとするともう全然違うわけである。

さらに酸素がなかったとすると、当時の海洋地殻を構成する玄武岩の成分の鉄やその他の金属元素もかなり溶け込んでいたはずである。

塩分はどうか？　海水の塩というのは基本的に地殻との平衡（岩石をどれだけ溶かすか）で決まる。地殻は昔と今で「もう金輪際違う」わけではないので、全球凍結（スノーボールアース）していなければ、海水の多くが凍ることもないので、総塩分自体めちゃくちゃ変動はしないはずである。

ちなみに地球が全球凍結すると海水のかなりの部分が凍ってしまう。海水の半分が凍ってしまうと塩分は2倍の濃さになってしまう。というように、スノーボールアースは塩濃度変化によって、海水中に生息する生物や微生物を絶滅させる危険性がある。一方では、高度好塩菌と呼ばれる塩湖のようなところが大好きな微生物（料理に使われる岩塩が未殺菌ならそいつらが保存されている）を進化させた可能性もあるが。

しかし、原始海水の各成分については、ものすごくおおざっぱな予想は可能であるが、理論的に根拠のある予想は極めて難しいのが現状である。

それで我々ＪＡＭＳＴＥＣプレカンブリアンエコシステムラボでは、「頭で考えるのが難しいなら実験するのが一番だべさ」という戦略をとっている。現在やろうとしているのは、40億年前の岩石と仮想海水を熱水反応（循環）させたらどうなるか？　という実験である。

海水の組成は、先ほど述べたように、大気や大陸といった表面に顔を出している部分の影響（つまり河川によって流入する淡水や雨水の影響）も大きいのだが、もう半分くらいは海の底の地殻からの影響（つまり高温や低温の熱水噴出の影響）を受けている。現在の地球の海洋でそういうことがわかってきたのだ。

これは、私自身も参加している文部科学省科研費新学術領域で研究が進められている「海底下の大河」という研究プロジェクトの研究テーマである（興味がある方は参考に

http://www-gbs.eps.s.u-tokyo.ac.jp/~taiga/)。現在の弱っちい熱水循環でも、充分パワフルなんだから、40億年前の熱水循環の影響たるやすごいに違いない、というのが我々のロジックである。

原始海洋地殻と原始海洋が平衡に達すると（つまり、激しく反応して完全に岩石から出汁を取りきったら）、どのような海水組成と岩石変質になるかがわかれば、原始海水の組成についてかなりのことが言えるようになるだろう。まさしくそのような実験を現在行っているのである。これからの研究成果に乞うご期待。

あと、面白い実験として、地球上に最初にできた海水（本当の処女海水：リアルバージンシーウォーター）を作ろうとしている。ストーリーは簡単なんだが、誰もやったことのない実験なので、やる価値は高い。どこかの化粧品会社の商品開発担当常務の人で、「こっ、これは、我が社のイメージ戦略として使える！」と思ってみる人いませんかね。

原始大気についての新しい可能性

あと、完全な余談になるのだが、原始大気にはアンモニアがなかったということは多くの研究者が認めているところだが、原始海洋中にはアンモニアが結構あったのではないかという説がある。

これは掛川教授らの実験研究とは別の話で、1998年に、海底熱水活動域の高温域では、岩石鉱物の触媒作用によって窒素からアンモニアが生成されて、熱水活動によって原始海洋にもたらされたとする説が発表された。水がないほうがその反応は進みやすいのだが、一応熱水中でも同様の現象があるはずであると主張している。実際そう信じている研究者も多いようだ。

ところが、実際の深海熱水活動の熱水を測定すると、極めて微量のアンモニアしか存在していない。窒素成分はアンモニアではなく、窒素ガスとして存在しているのである。ただし、ある特定の熱水にはアンモニアがやや多かったりするのも事実である。熱水における水素、二酸化炭素、メタン、硫化水素、二酸化硫黄、一酸化炭素の挙動は大分、理解が進んできたが、まだ窒素についてはよくわかっていない。掛川教授らの研究で、ひとまずアンモニアの生成プロセスが見つかっているのでとりあえず安心であるが、40億年前のアンモニアについてはまだまだ研究が必要である。

最後に、もう一度上野雄一郎准教授に登場してもらおう。2009年に彼と共同研究者は原始大気についての新しい可能性を報告した。

本章で述べた二酸化炭素と窒素が主成分である原始大気に対して、(1)新しい温室効果ガス、硫化カルボニル(COS)、が微量成分として存在、及び(2)二酸化炭素に代わる主成分、一酸化炭素の存在、の2点を主張した。

彼は太古代の硫黄の多種同位体比についての研究を進めるうちに、太古代の海洋中にあったと想定される硫酸の硫黄同位体比が、従来の原始大気組成では説明できないことに気がついた。自分の測定した値と計算が正しいという自信があるので、科学界に流布している説がおかしいと思うのは、もっともな話である。

私もいつもまず自分が正しく、常識のほうが間違っていると考えたくなる人間だ。

そして、上野准教授は、自分の結果を導く可能性をできる限り模索したところ、原始大気中に数ppm程度、硫化カルボニルが存在すれば硫黄同位体比の値をうまく説明でき、かつ地球を凍り付かせない温室効果が得られるということを突きとめた。硫化カルボニル以外のいかなる物質もどこかに矛盾が生じてしまうのである。

火山ガスにはかなりの量の硫化カルボニルが含まれているので、供給源自体は問題ない。しかし、もし原始地球の大気に二酸化炭素が豊富にあるとすると、硫化カルボニルが安定して存在できず、数ppmの濃度を維持することができない。もし、原始大気中の二酸化炭素がほとんど一酸化炭素であれば、すべての結果がうまく説明できる。

というわけで、25億年以上前の太古代の原始大気は、二酸化炭素の代わりに一酸化炭素が主成分であったのではないか、そして、数ｐｐｍを超える硫化カルボニルが存在したのではないか、と主張した。

この上野准教授の「硫化カルボニルと一酸化炭素がたくさんあった」説は、現時点では、どこまで正しいかはわからない。また、大気組成が原始地球の大気圏で一様であったと考えていいのかどうかも今一つわからないし、25億年以上前の太古代の中でも変動する可能性もあり、一概に正しいとも違うとも言えないのである。

硫化カルボニルや一酸化炭素が重要な役割を果たしたのではないかということについては、私の微生物学者としての嗅覚ではビンビン、ヒットしている。かなりワクワク、テカテカしている。一方で、海底熱水学の立場からは、「二酸化炭素が少ないはずはない」という決定的な証拠をどう解釈すればいいかわからない。

その証拠は、世界でも稀少な太古代の「岩石の熱水変質」を研究してきた研究者を抱えるＪＡＭＳＴＥＣプレカンブリアンエコシステムラボのアドバンテージでもあるからである。彼らの研究によって、太古代の海水中には５００㎜を超える二酸化炭素が存在していたとする地質学的・岩石学的証拠が見つかっているのだ。

また私自身の微生物学者としての感覚としても、「大気中に一酸化炭素が主成分であったなら、なぜすべての独立栄養微生物が二酸化炭素固定にあれほど心血を注ぐ必要があったのか」という矛盾を感じるし、一酸化炭素という優れたエネルギー源が豊富にあったと仮定するならば、現世の地球にもう少し一酸化炭素代謝の繁栄を色濃く残す微生物生態系が見つかってもよさそうなものであるが、残念ながら今のところ「地球上にかつて一酸化炭素の代謝が繁栄した気配が見えない」のだ。

いずれにせよこの上野説は、ロジックとしては喝采したくなるほど美しく、我々の今後の研究展開に大きな影響を及ぼす可能性がある。ロジック対感性（感覚）の勝負として、今後その勝負の行方が楽しみである。

第4章 生物学から見た生命の起源と初期進化

カール・ウーズの科学的成果

本章をどのように始めようかと思案していたら、ちょうどいいタイミングでJAMSTEC深海・地殻内生命圏システム研究プロジェクトの布浦拓郎主任研究員が、『アリの背中に乗った甲虫を探して』(ロブ・ダン著、田中敦子訳、ウェッジ)という本を持ってきた。最初、題名を見て「スゲーつまんなそう」と思ったが、読むとアメリカのサイエンスライターが書く本特有の「登場人物の人物像に焦点を当てた」物語が面白く、特にイリノイ大学のカール・リチャード・ウーズについての詳細な記述があったのに心を奪われた。カール・リチャード・ウーズは私にとってスーパースターであり、憧れの存在である。目の前にいれば、ドキドキして「とても話せないっ」ってなってしまうぐらいである。そのウーズの科学的成果を、あえて無味乾燥にまとめてしまうと、「アーキア(古細菌)という生物分類群の発見」と「全生物の進化系統を探る方法の確立」ということになる。

ウーズ以前の進化学の世界では、タンパク質のアミノ酸配列の比較によって、進化の道筋(系統)が定量的に議論できるようになってきているところだった。現世の動物や植物、あるいはその祖先である化石を用いて、系統と分岐の時間軸についても定量的な議論が行われるようになってきていた。

しかしながら、地球の生命の最も初期段階に進化したと考えられる原核生物（核を持たない生物、要するに今のバクテリアとアーキア。その当時はいっしょくたに「細菌」と呼ばれていた）については、とても小さいサイズ、形が単純すぎること、その形も一定でないことなどからヒトやサル、ウマ等と同じ土俵で議論できないと思われていたし、そもそも微生物学者を除く生物学者の多くは、「あいつらに遺伝的な多様性なんてそんなにないでしょ。進化研究には大腸菌で充分でしょ」ぐらいは思っていたに違いない。

リボゾームRNAの研究

そんな状況で、ウーズは「リボゾームRNA」という分子に目をつけた。

リボゾームは、生物学の教科書の最初の章によく説明されている「細胞の構造」の部分で、必ず紹介される細胞内小器官である。メッセンジャーRNA（RNA＝リボ核酸）という、ゲノム（DNA＝デオキシリボ核酸）に書き込まれた遺伝子の情報をコピーした分子が、リボゾームに運ばれてくると、その情報を読み取り一個一個のアミノ酸を繋いで、タンパク質を合成するという重要な役割（セントラルドグマ、中心原理と呼ばれるほど生

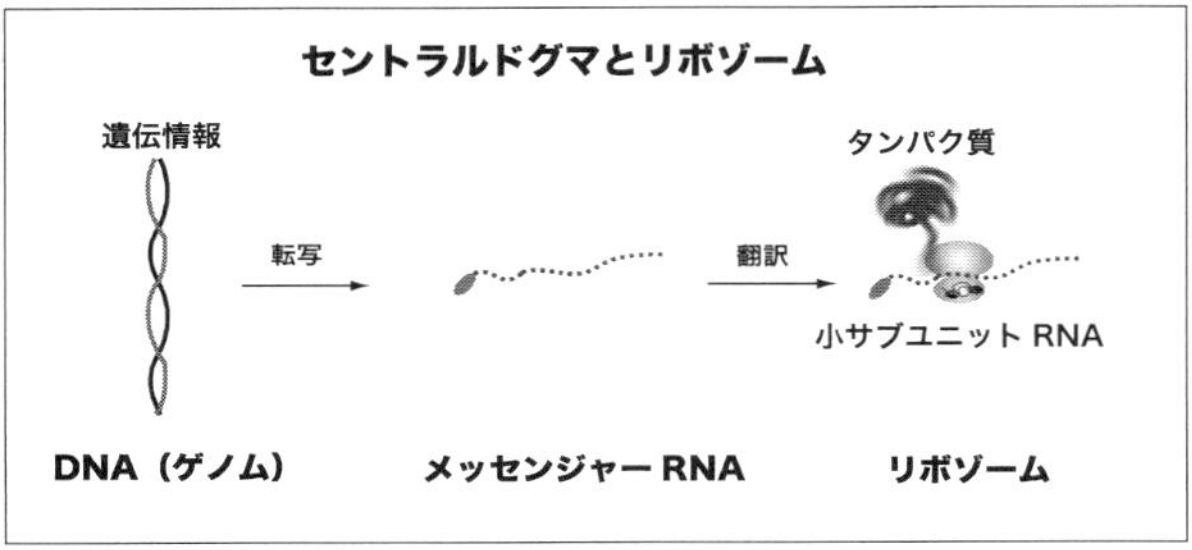

図4-1●地球生命のセントラルドグマとリボゾームの役割。リボゾームの重要性から、その主成分であるリボゾームRNAが極めて保存性の高い分子であることが想像できる。すべての生物に存在し、類縁性が高いので、全生物の系統比較に使われた。

物学において重要なプロセスである）を担っている（図4-1）。

そのリボゾーム自体は、タンパク質とリボゾームRNAという部品で構成されている。その果たす任務の重大性ゆえに、リボゾームはすべての生物に共通して存在し、細胞内の量もハンパなく多いのである。さらに、そのリボゾームタンパク質とリボゾームRNAは、細胞内の高分子の中でも最高クラスの重要高分子なので、そう簡単には変異しない。

これを全生物の比較（分類）及び系統進化に使えば、小さくてよくわからない原核生物にも「光を！」与えることができるに違いないと彼は考えた。そして10年にわたる自分の信念のための闘いが始まったのだ。

ウーズはリボゾームというダルマみたいな構造の

頭のほうに含まれる小サブユニットRNAを研究対象とした。

それを、放射性同位元素を含む培地で培養した細胞から抽出、精製して、そのころは「塩基配列決定」が簡単ではなかったので、RNA分子を特定の場所で切り刻む制限酵素と呼ばれる酵素を使い、RNAの切れ方パターンをオートラジオグラフィーという方法で、各原核生物特有のパターンを、ひたすら集めていったのだ。

今なら、そこら辺の高校生でも、PCRという方法を使ってペローンと16SｒRNA遺伝子を増幅して、もう一度PCRを使い、それをポイッて郵送すれば、数百円で遺伝子配列を解析してくれる。また自分の全ゲノム配列でも50万円ぐらい出せば、解析してくれる時代だ。

しかしウーズが研究を始めたころは、塩基配列決定の技術がまだ報告されていなかったような時代である。そのころのウーズの心情が、『アリの背中に乗った甲虫を探して』では詳しく書かれている。そして微生物学生みの親と言われる「アントニ・ファン・レーウエンフック」になぞらえて、「自分にしかできない特殊技術でもって最初にその世界を覗いた選ばれた人間だけが持つ頑なさと孤独」を表現している。

うーんわかるなあ、その気持ち。そうなんだよな。自分だけが見える世界があるんだよな。でもそれは、それを見るために極限まで努力した人間にしか見えないんだよな。それを、例えばウーズの場合10年の人生のすべてを、「誰でもわかるように1時間で説明を」とか「2000語でまとめよ」なんて、「ふざけるな！　できるか！」と言いたくなるよな、感情的に。でもそうしないとダメなんだよな、サイエンスは。

そういう意味で「私は生粋のジェネラリストです」とか言っている科学者は、その段階で「ダメ」とは言わないが、好きじゃないのね。あるスペシャルを極めに極めていくと突然ジェネラルが開ける瞬間がある、それがかっこいいんだよ。

あーずみばぜん、一人で妄想モードに入ってしまいました。まあ、私ごときがウーズに共感なぞおこがましい、という突っ込みはさておき、そういう背景があるわけだ。

アーキバクテリア（古細菌）の発見

そしてついに、ヒト、サル、ウマ、気になる木、コンブ（当たり前ですが、ウーズが気になる木やコンブを調べたわけではありません）などと、同列の系統樹の中に原核生物を入れ込むことに成功したのだ。

その結果は、驚愕であった。ヒト、サル、ウマ、気になる木、コンブなどは、些細なと

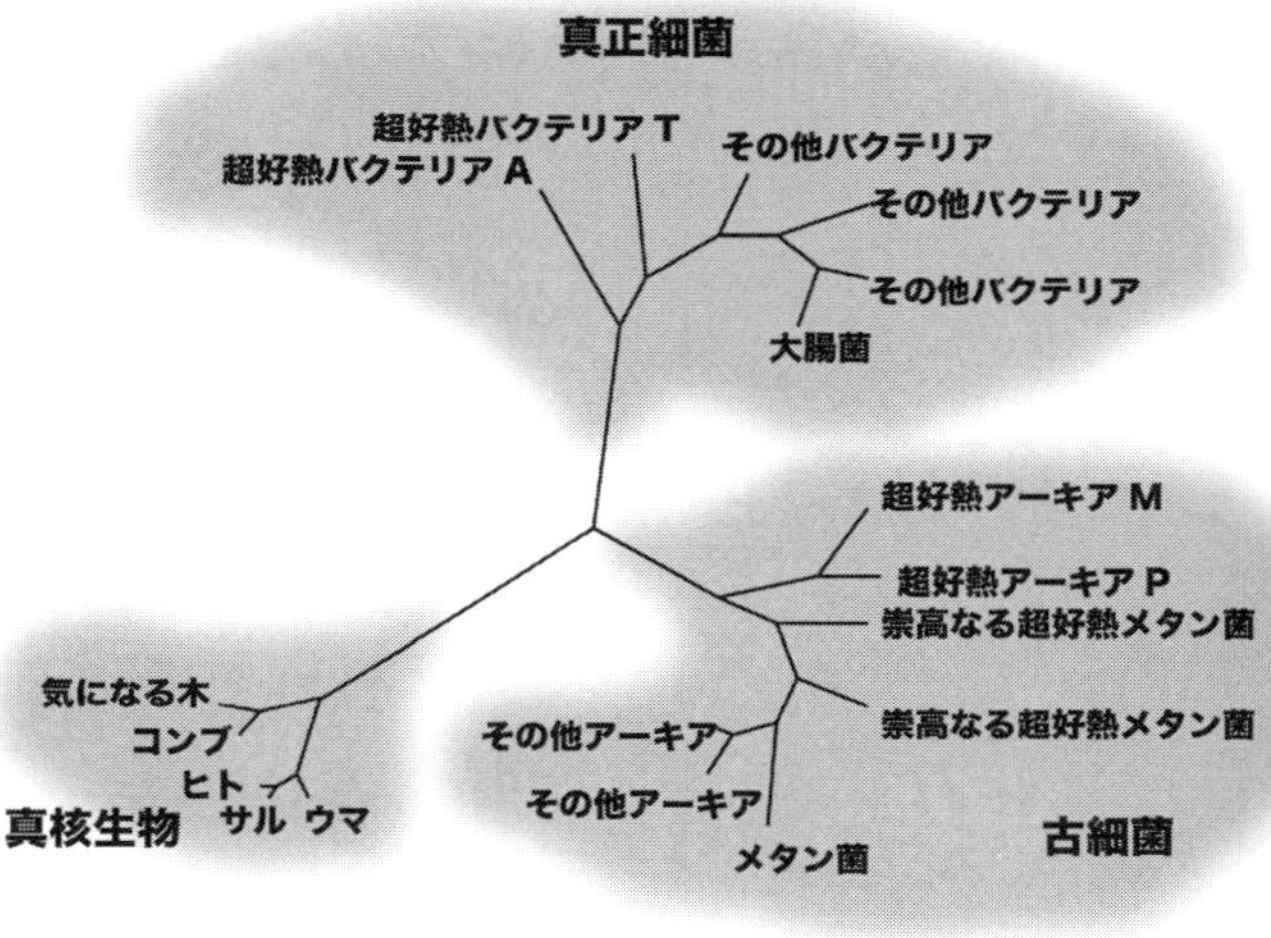

図4-2●ウーズの青春と魂がつまった全生物の系統樹（1977年バージョン）の模倣。この系統樹は小サブユニットRNAの制限酵素断片のパターンの違いから描かれたもの。しかし、ウーズ以前に、核のない「下等なチンケなムシ」と考えられてきた微生物の系統関係が、それ以外の生物との関係と匹敵するぐらい異なることを誰が想像したであろうか？ この系統樹によって、古細菌という微生物の存在が明らかになった。

ころの進化であり、実は、顕微鏡では同じにしか見えない大腸菌とメタン菌が、大腸菌とヒト、メタン菌とヒトと同じぐらい、「遺伝的に全然近くない関係」であることがわかったのだ。

これが「アーキバクテリア（古細菌）」の発見である（図4-2）。この成果が論文で発表された（ちょっとその前に新聞で発表された）時、『アリの背中に乗った甲虫を探して』によると、ウーズは「世界のスター」になった気分だったらしい。

ハンバーガー屋の店員に、

「ドゥーユーノウミー？ ワタシヲシッテマスカ」と聞いたというお茶目な話が載っている。えー、あのしっぽいウーズがそんな舞い上がり者だったとは驚きである。よっぽど嬉しかったのだろう。1977年のことである。

その年は、第1章で紹介したように、ガラパゴスリフトで深海熱水活動が発見された年(論文は1979年に発表)でもあった。そこで跋扈《ばっこ》していた微生物の多くは、このウーズの発見した「古細菌」の仲間だった。

そのような時代背景もあって、ウーズの研究には、すぐさまあれやこれやの微生物が追加されていった。また時間が経つにつれ、「ウーズだけができる方法」から「誰でもできる方法」、つまり塩基配列そのものが利用されるようになった。

論争は常にあったが、ウーズが最初に提唱した「アーキアの存在」はどんどん強化されていった。また、「16S rRNAという分子の配列が、ほぼ微生物種の定義と同義語になりつつある現状」や「培養に依存しない分子生態学的手法が生まれた背景」が、すべてこのウーズの研究に端を発していることを考えると、ウーズが「それまでの微生物学を変えた」と言っても過言ではない。

すべての生命の共通祖先の存在

一方、本書において解説すべき、もう一つのウーズの成果がある。

1977年の論文の中で、既に全生物の系統解析の根本に当たるべき収束点、それが、我々すべての生命の始まりの生命の系統型（phylotype）あるいは遺伝型（genotype）であることを指摘した点である。ウーズはそれをprogenote（プロジェノート）という概念で表現した。

これは、掘り下げると難しい話で、今でもその概念に対する議論が続いているぐらいで、私も実際ついていけないのであるが、重要なのは次の2点である。

（1）最初の祖先というものが、遺伝子配列の集まり、あるいはゲノム配列の集まりとして捉えることができる可能性を初めて示したこと。

（2）やや根拠は薄かったが、アーキアのような極限環境微生物は比較的原始的な分岐をしているように見えたので、原始地球の環境イメージと合わせると、そういう共通祖先から多様な生命が生まれたのではないかというイメージを示したこと。

この2点は、多かれ少なかれのちの研究に影響を及ぼした。

多くの微生物の16S rRNA遺伝子配列あるいは他の様々な遺伝子配列の情報が全生

物の系統樹に組み込まれるようになると興味深い事実が浮かび上がってきた。

まず、各遺伝子の系統樹に共通祖先の位置が決められるようになった。そしてその共通祖先の位置がわかると各微生物の枝分かれの順序がわかるようになった。最初に目に付いたのは、16ＳｒＲＮＡ遺伝子を始めとする多くの遺伝子の系統樹において、その共通祖先の付近の枝分かれがすべて好熱性の微生物であることであった（図4-3）。

これらの微生物は、だいたい50℃以上の温度でよく増殖する微生物のことであるが、80℃以上で最もよく増殖する微生物は、超好熱菌と呼ばれる。まさしく私が研究者人生のスタートから研究対象にしてきた微生物だ。

そう、こいつらが系統樹の共通祖先に近いところに陣取っていたのである。単純な論理で言えば、「なるほど、じゃあ共通祖先というのは、超好熱だったと考えていいな」ということになる。しかし世の中そんなに単純に考えたくない人もたくさんいる。

そういう人は、「いやいや、系統樹というのはそんなに簡単じゃないんだよ。あくまで進化の推定の方法だから、いろいろデータ処理に適正なやり方をしないと」というように、あれこれ解析法をいじるわけである。そうすると「共通祖先の近くには、決して好熱性微生物が来ないよ。むしろ常温性の微生物だよ」という結果も出てくるのである。

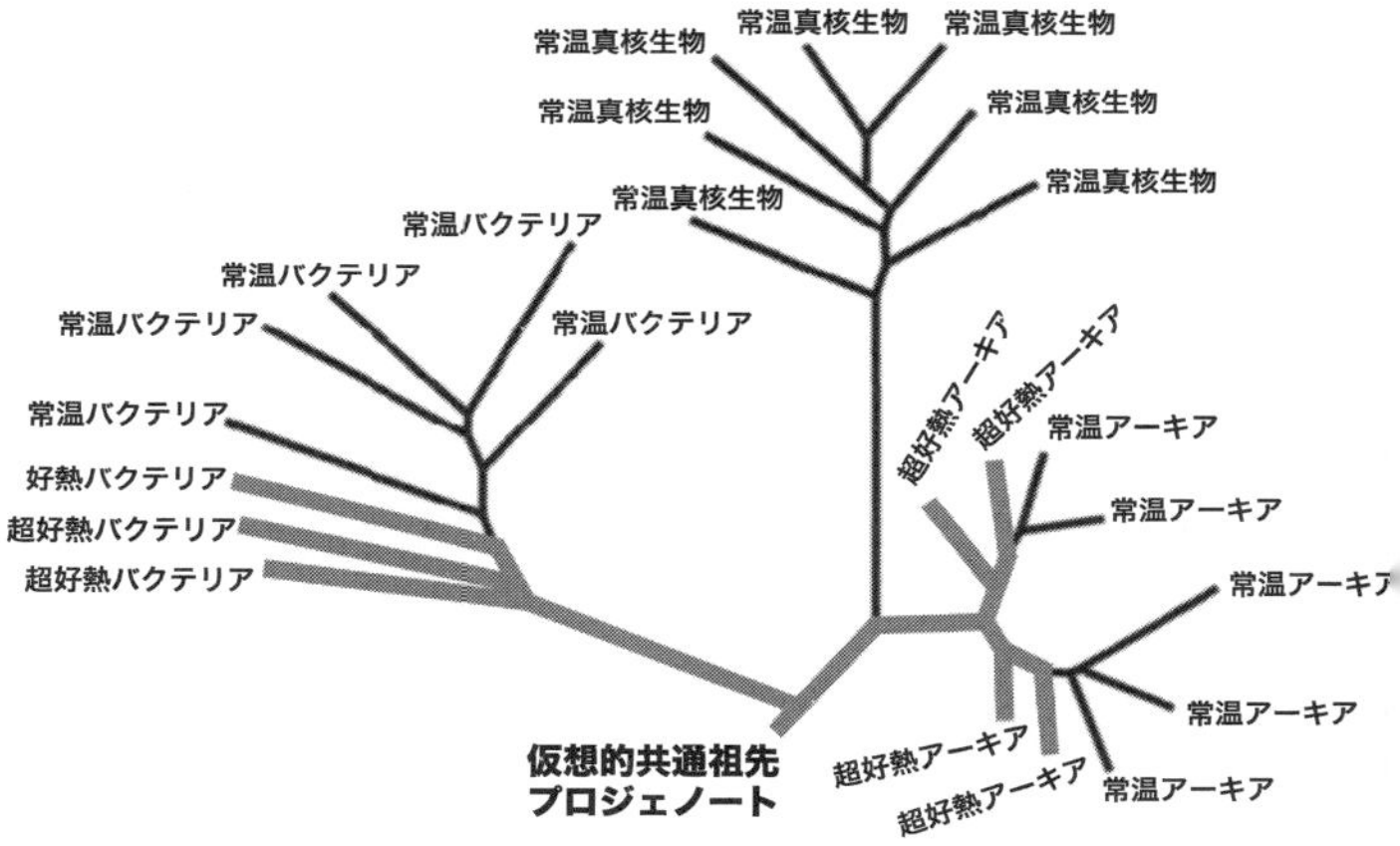

図4-3●ウーズの中年の哀愁と魂がつまった全生物の系統樹（1990年バージョン）の模倣。これは小サブユニットRNA遺伝子の塩基配列の比較から描かれたもので、全生物の共通祖先に位置（根の位置）が加わっている。太いグレーの線は超好熱性微生物の系統を示す。

さもありなん。実際に、解析方法の優劣は、多くの人がわからないのである。さらに解析法の優劣は、実際に起きた進化とフィットするかどうかとはまた別物なのである。

そのような議論は、未だに続いている。私自身、5年ぐらい前までは一生懸命、議論に追いつこうとがんばったが、最近は「誰か解説してください」という感じになってしまった。

しかしながら、どう客観的に捉えてみても、「共通祖先は好熱性」反対派は、決定的な反証を出せていない。

一番新しい反対派の主張は2008年のネイチャー誌に掲載されていたが、

「まずRNAゲノムなんだよ。で、常温から低温性生命なんだよ。隕石衝突とかで高温環境になると好熱性に適応するんだよ。するとより安定的なDNAゲノムに置き換わっていくんだよ。好熱菌が幅をきかすようになるんだよ。そしてもう一度常温性から低温性に戻っていくんだよ」ですって、奥さん。

なんじゃそら、無茶苦茶ですな。これが「分子生物学的に正しい進化なんだよ」と言われても私は絶対信じない。こういう人達って、多分「地球の歴史」ってどうでもいいんだよ、都合のいい時だけで。とにかく生体分子とその中の遺伝配列だけで生命を考えたいんだよ。生命が生命である本質を、遺伝だけに特化させて考えているわけだ。どのようにRNAゲノムの好冷性生命がエネルギーを獲得してるのかについてはどうでもいいんだよな。というわけで、この議論についていくのをやめたわけである。

生命の中でも、自己複製の成り立ちと進化を最も重要視すれば、自然とそういう議論が出てくると予想できる。逆に私は既に述べたように、「生命は生命を含んだ環境（生命圏）で考えよう。そうしよう」派であり、「生命圏におけるエネルギー論」で生命を捉えたいので、中身の詳細、特に遺伝に関してはまあはっきりと言い切ってしまえば、「お好きなように」と思っている。

惑星のエネルギーの使い方を知り尽くしている超好熱菌

私は共通祖先が好熱性、特に超好熱性だと考えている。

その理由は、のちほど述べるように、40億年前の地球環境を考えた時、エネルギー獲得の面から考えて、最も安定的に生態系を維持できるのは熱水活動域であり、原始海洋自体が50℃近い温度だとして、その環境よりもっと熱水に近い位置になればなるほどエネルギー獲得に有利であるというものである。

とはいえ、ウーズの研究の応用が広がることによって、「共通祖先は好熱性」ではないか、と考えられるようになった時代性の影響は実に大きい。「おぉぉぉ、超好熱菌こそ最古の生命」と思って（思わされて）、研究人生を始めたわけであり、超好熱菌が有する原始的に見える性質やきゃつらが棲む環境の凄さに魅せられて研究を続けてきたのだ。

実際、ウーズのその後の論文の中にも、「古細菌の有する極限環境に対する適応機構は、原始生命としての形質として考えるにふさわしい」という記述をよく見かける。

特に、超好熱菌の原始的に見える性質として挙げられるのは、超好熱菌（これには超好熱アーキアも超好熱バクテリアもどちらも含まれる）の中に、ほとんどあらゆる嫌気的

（酸素を使わないという意味）化学合成エネルギー代謝のパターンが見られるという点である。

超好熱菌は、系統分類学的に言えば、ごく一部のアーキアとわずかのバクテリアからなる極めて小さな集合にすぎないのに対して、その嫌気的化学合成エネルギー代謝のパターンは、すべての常温性微生物に匹敵するほどである。つまり、惑星活動の化学エネルギーの使い方を、骨の髄まで知り尽くしている。

これは、原始地球の弱々しい太陽の光を利用する術を持たず、かつ弱々しい光のわりには危険な宇宙線や紫外線が降り注ぐ生命活動を維持するのが困難だった表層環境ではなく、惑星の化学エネルギーに満ちあふれていた暗黒の深海の熱水活動域でブイブイ言わせていたころのなごりと考えられなくもない。

超人的超好熱菌研究者、カール・シュテッター

もちろん、この超好熱菌の嫌気的化学合成エネルギー代謝の多様性が知られるようになったのは、カール・シュテッターという「微生物の世界におけるゴルゴ13」と呼ばれる超人的超好熱菌研究者の存在が大きいのだが、超好熱菌がそれだけ代謝多様性を有している

のは、本質的な特性である。

ちなみにこのカール・シュテッターは、カール・ウーズに並ぶマイ・スーパースターなのだが、シュテッターにはあまりトキメキを感じず普通に会話できるのは、多分、「彼がほんまもんの変人だから」。そう変人です。

国際学会などで、他人の発表内容に、「へっ、くだらん」とバカ正直にけちをつける人は、少ないけれどもいないわけではない。彼は自分の発表の一つのトピックに対してまで「ケッ、この仕事はくだらん」とけちをつけて、自ら不機嫌になってしまうのである。

そして自分の好きなトピックに話が及ぶと暴れるほど興奮するのである。要するに、手がつけられないほど正直な人なのだ。めちゃくちゃ愛すべき人なのだ。

もちろんカール・シュテッターは、「超好熱菌こそ原始的な生命」と信じている人であり、ウーズと共同で最初に「共通祖先は好熱性」であるという論文を書いた本人でもある。ただしアメリカ人研究者の中には「あいつは本当のバーバリアンだ（ドイツのババリア地方出身と掛けている）」と毛嫌いする人も多い。ダメな研究に本当にダメ出しするからなあ。ダメ出しされたほうは恨むよなー。

日本を代表するアストロバイオロジスト、大島泰郎

「共通祖先は好熱性」派として忘れてはいけない日本人がもう一人いる。現東京工業大学及び東京薬科大学名誉教授、大島泰郎《たいろう》氏である。

大島泰郎氏の科学的業績については説明不要なぐらい輝かしいものであり、日本の生化学・微生物学の重鎮であるが、実は世間的に知られていないのは、大島泰郎氏こそ、日本を代表するアストロバイオロジストであった事実であろう。そして一貫して「好熱菌こそ原始生命である」という信念を広く世間に啓蒙した研究者である。

一般向けの本としては、その名もずばり『生命は熱水から始まった』（東京化学同人、1995年）がある。その本を今読み返してみると、1995年に書かれたとは思えないほど、そのストーリーは今なお新鮮であり、ほぼ大島氏の予想が間違っていないことがわかる。

そして本書で私が主張しようとしていることがほぼ述べられているのは、「大島泰郎恐るべし、さすが学会でいつも女子学生に囲まれて優しく笑っているのに、男子には鋭い眼光で近寄んなビームを出す超大物は違う」と思わざるを得ない。是非一読をお薦めする。

大島泰郎氏は現東京薬科大学生命科学部の山岸明彦教授らとともに、「共通祖先は好熱性」を支持する実験的な証拠を提出した。前述のウーズの系統樹にあるように、地球生物

の共通祖先はバクテリアとアーキアの間あたりに位置することが多い（大島&山岸氏はそれをcomonote：コモノートと呼ぶ）。コモノートがどのような遺伝子セットを有していたかはわからないが、例えば一つ一つのタンパク質に関しては、コモノートがどんなアミノ酸配列を持っていたかは確率論的に推定することができる。

その推定祖先型タンパク質を作って発現させたブツの熱に対する性質を調べてやることで、果たして祖先型のタンパク質が好熱性であったか常温性、好冷性であったかを知ることができると考えたのだ。

読者も多分よく知っていると思うが、生物の酵素というのはその生物が最もよく成育する温度で一番活性があり、その温度に適応した性質を持っているモノなのだ。だから我々の胃液のペプシンという酵素は、体温ぐらいの37℃ぐらいでよく働く性質がある。その結果、いくつかの酵素について祖先型を作ってやると、現世の好熱菌の持っている酵素よりも耐熱性（熱に対するタンパク質の安定性）が上昇したのである。

つまりこれは、コモノートと呼ばれる生物の有していたタンパク質が、現世の好熱菌よりも高い温度で成育していたことを示す。同様の研究成果は、他の研究グループからも報告され、やはり「共通祖先は好熱性」という考えを支持するものであった。前述した「R

NAゲノムうんちゃら」は、これらの成果に対抗するために編み出された必殺技だったと言えよう。

なぜ、「共通祖先は好熱性」で困るかというと、私が推理するに、次に説明する科学界に暗躍する国際RNA保護団体「RNAワールド」（あくまで冗談です）の見えない力が働いているとしか思えない。どうもRNAを鯨のように特別視しようとする考えがあるのだ。

絶大な人気を誇る、RNAワールド説

「生命の起源」関連の本では必ず、この「RNAワールド」に関する記述がある。すなわち、「生命はRNA分子のもやもやした集合体から始まった」というプロセスを経て、「ちゃんとした生命」になったとする説である。

このプロセスが重要視される理由は、第3章で紹介した生物学的な「生命の定義」である自己複製、代謝、いれもの、進化する力の4項目のうち、RNAが自己複製、代謝、進化する力の3項目を体現する生体分子であることがわかったことによる。

生物の体を構成する生体高分子（つまり材料と言っていい）には、大きく分けて、タン

パク質、DNA、RNA、脂質がある。このうち、タンパク質は右の項目の代謝を司る生体高分子であり、DNAは自己複製と進化する力、脂質はいれものを担う。

RNAはどうかと言うと、現在の生物では、どちらかと言えば、それぞれの役割を繋ぐ役割を担っていることが知られていた。そして今では、繋ぎの役割だけでなく、それぞれの関わりを制御・指令したりする重要な役割を担っていることもどんどんわかりつつある。いずれにせよ非常に重要な生体高分子であることは間違いない。

本質的に、RNAはDNAのように塩基配列を有し、その意味ではDNAのように遺伝情報を記録・保持することができる分子である。つまりDNAと同じように自己複製のための情報源になれる媒体である。

一方DNAは、まさしく保存用のハードディスクであり、それ自身では代謝や複製を行うことができずに、タンパク質の助けが必要であるというのが常識であった。

ところが1982年に、RNAは、「自分で自分を切ったり、繋いだり」できる触媒活性があるということが発見された。タンパク質以外の分子ではできないとされていた触媒活性を持つということで「リボザイム」と名付けられた。

この発見により、RNAは遺伝情報を記録・保持しながら、自ら触媒活性を有する高分子であることが広く認識されるようになり、RNAの持つ様々な機能が明らかにされていった。同時に、DNAやタンパク質がなくても、RNAが単独で生命活動の重要なプロセスを担うことができる可能性が考えられた。

もし、生命の誕生の条件として、タンパク質、DNA、RNAが最初から全セット揃っている必要があるとすれば、三つの材料を同時にすべて揃えるのはかなり困難で、確率は低くなってしまう。もし、RNAだけで、原始的な生命活動が誕生できるのであれば、まずはRNAだけで生命システムは誕生し(RNAワールド)、徐々にタンパク質やDNAを揃えていった、と考えるほうが、よりもっともらしい生命誕生のシナリオではないか。

これが「RNAワールド説」の概要である。そして「RNAワールド」は分子生物学や化学工学の分野では今なお絶大な人気を誇っているのである。

RNAだけで成り立つ生命システムへの疑問

私自身、修士や博士課程時代、熱病のように「RNAじゃ。時代はRNAなんじゃぁ。生命の起源はRNAワールドよ、そらそうよ」とうなされていた。「RNAを研究することが生命の起源を解く鍵」と本気で信じていた。

それは私が高校生の時、利根川進博士が日本人初のノーベル生理学・医学賞を受賞して、「これからは分子生物学の時代じゃ」と興奮したのと同じような心持ちだったように思える。つまり、自分でもよくわかっていないのだが、何となく面白そうで、有象無象の人々が参入しているその熱さにやられたのだ。

しかし、私が「地球と生命の初期進化」について真剣に取り組むようになってから、「RNAワールド説」を眺めると、「なぜあんなに熱に浮かされていたのか全くわからない」ほど、「RNAワールド説」には「生命の起源」全体を支えるほどの「力」がないことに気付く。

おそらく、地球における生命誕生にいたる過程で、原始RNA分子が、より多様なRNAを生み出す一端を担ったこと、さらに原始地球に数知れず誕生した一発屋生命の中には、よりタンパク質依存度が低くて、RNA依存度が大きかったものもいたことも大いにありうると思う。

しかし、生命の誕生以前あるいは誕生時に、RNAだけのシステムが存在しないといけない理由については、全く思い付かない。化学進化的には、原始核酸が合成できる環境であれば、おそらくそれと同等の原始タンパク質が合成できることは明白である。RNAとタンパク質が共存するプロセスは、わざわざ「RNPワールド」(つまりRNA＋Protein) という言葉を作り出して、名付けているが、いちいち「ワールド」をつけなあかんか？ と思ってしまう。

それはともかく、私は、おそらく最古の持続的な生命が誕生するまでの過程において、RNAだけで成り立つような生命システムが先に確立されていたことはないと考える。最古の持続的な生命は、システムの完成度は低かったとはいえ、やはり、材料的にはそれぞれDNA、RNA、タンパク質そして脂質が備わっていたであろう。そしてそれ以前の段階では、原始的なタンパク質の助けがなければ、とても生命システムを支えるエネルギーの獲得はできなかったはずだと考えている。その鍵となるのは、金属元素(例えば鉄やニッケルや銅)との相性であるが、それは第5章で説明する。

最古の生態系のイメージ

ウーズのリボゾームRNAを使った全生物の系統樹は、現世のすべての生物の始まりの仮想生命が存在することを明確に示すものであった。この仮想生命に対して、ウーズはプロジェノートという概念を提出したが、それは1個の単独の生命を想定するものではなく、原始タンパク質や原始RNA、原始DNAが寄り集まった「共栄養体」のようなものではないかと述べている。

それに対して大島氏や山岸教授は、ウーズのネーミングセンスにダメ出しをしている。progenote は「progeny」か「progenitor」という二つの語源が考えられ、「最初の遺伝装置開発細胞」か「最初の生命細胞」の意味合いを持つように受け取られるので、「共通祖先の生命」はコモノートと呼ぶのが適当ではないかと出張している。

もっともな意見だ。しかし私が思うに、ウーズは「progeny」という言葉が持つ「(集合的)子孫」の「集合的」ニュアンスがピンときたのではないだろうか。

私は、ずっとウーズに対して、冷静沈着なスマートかつ忍耐力のある「高倉健」的なイメージを持っていたが、『アリの背中に乗った甲虫を探して』に描かれるウーズは、どちらかというと偏屈な「情念の人」であった。

この新しいイメージでウーズの論文を読み返すと、ウーズの「思い込みの激しさ」が手に取るようにわかる。アーキア(古細菌)を最初に、archaebacteria と名付けたのは、もうアーキア(古細菌)が原始的であるという彼の思い込み以外のなにものでもない。

彼の感性では、プロジェノートというのは、要はバクテリア(細菌)でもアーキア(古細菌）でもない、生命として何とか持続しうる雑多なシステムの総称なのであろう。実はそれは、私が、ハイパースライムと名付けた「最古の生態系」（Most ancient living eco-system）のイメージそのものなのである。あの本のおかげで、私はウーズにものすごくシンパシーを感じるようになった。うむ、私はおそらく間違った道は歩んでいない。

最後の共通祖先と最小ゲノム生命

「最後の共通祖先」に関する研究には、そのモデルに関する議論と実際に「最後の共通祖先」を作り出そうとする二つの方向性がある。「最後の共通祖先」を再現しようとする試みは、当初は「最後の共通祖先」がどのような遺伝子セットを持っていたかを探る試みであったが、最近は最小ゲノムとは何か、あるいはそれを持った新しい生命の創成という方向に変わってきた。

おそらくそれは、既に述べたように「プロジェノート」や「コモノート」、あるいは「最古の生態系」といった仮想的な原始生命が、単純な遺伝子セットから始まるとは考えにくく、むしろ、雑多な原始ゲノムの寄せ集めから、より洗練されたゲノムへ進化してきたと考えるほうが妥当であるからだろう。

そうすると最小ゲノムを作ることと、「最後の共通祖先」の遺伝子セットを再現することとは全く別物であると考えられる。

もちろん、現世の生命が一体どれだけの遺伝子セットで生命活動を維持できるのかというテーマは、極めて興味深い。

例えば、マイコプラズマ・ゲニタリウムという極めて小さいゲノムを持つ寄生性の微生物がいる。その58万塩基対のゲノムには約470個の遺伝子があると考えられている。しかしながら、実験的に遺伝子を働かないようにして、マイコプラズマ・ゲニタリウムが増殖するかどうかをテストしてゆくと、470個の遺伝子のうち、増殖に必要な遺伝子は300個以下であることがわかった。

同様に、バチルス・サチルスという自由生活細菌（というより、まあ限りなく納豆菌ですね、納豆菌）も4000個以上の遺伝子を持ってるわりには270個ぐらいしか必須ではないらしい。もちろん270個の遺伝子では、納豆は作れないが。

というように、意外に少ない遺伝子セットで生命は成育できる可能性があるのである。

さらにその研究を推し進めると、ある微生物のゲノムを、人工的に作ったゲノムに置き換えて、全く新しい生命を作ることができるのではないかという考えが出てくる。

これが人工合成生命研究である。２０１０年5月には、アメリカのクレイグ・ベンター研究所（ヒトゲノムを解読したクレイグ・ベンターが作った研究所）が、世界初の全人工合成ゲノムで成育するマイコプラズマを作成することに成功した。現在のところ、これらの研究は直接「生命の起源」研究とリンクしていないが、例えば、原始深海熱水活動環境で化学合成独立栄養増殖に必要な遺伝子セットとは何かということを知る手がかりになる可能性がある。

さらに言えば、原始火星や現在の木星の衛星環境で成育できる生命の遺伝子セットを、地球上の研究室で再現実験することができるかもしれないのだ。今後の進展が大いに注目される。

第5章 エネルギー代謝から見た持続的生命

極めて多様な深海熱水活動

さて本書もいよいよ最後の大詰めまできたようだ。ここまでの章で述べてきた内容を今一度まとめてみよう。

化学進化は必ずしも熱水環境だけで起きたわけではないが、宇宙で起きた化学進化も、隕石衝突で起きた化学進化も、地殻の中で熟成する化学進化も、熱水環境で集約された可能性が高いこと。

現存する生物の中で、超好熱菌の有する様々な性質は原始的な生命の性質を反映している可能性が高い、つまり好熱環境で持続的生命は始まった可能性が高いこと。

また、これまでに明らかにされてきた冥王代〜太古代境界付近での生命活動の地質学的証拠は、深海底、しかもおそらく熱水活動と何らかの関係のある環境で見つかっていること。

これらはそれぞれの研究分野で示されてきた可能性であり、それぞれもちろん別のシナリオの可能性はあるのだが、共通するのは深海熱水活動域という場とそこで起きる現象なのである。

そして深海熱水活動域が、地球生命の誕生の場であったのではないかという感覚は、1977年の最初の深海熱水活動の発見の時から、広く共有されてきた。ゆえに、最初に「地球生命は深海熱水活動域から始まった」と主張したのは誰か？　と言われても、簡単には思い付かない。多くの研究者が、いろいろな論文の中でその感覚をちょろちょろと滲ませてきたからである。

例えば、大島泰郎氏の『生命は熱水から始まった』のように、はっきりと様々な分野から総合的に言及した本は1992年のニルス・ホルム編の『Marine Hydrothermal Systems and the Origin of Life : Report of SCOR Working Group 91』ぐらいが最初である。

いずれにせよ、深海熱水活動の発見以来、多くの研究者や一般の人々を含め、「地球生命は深海熱水活動域から始まった」のではないかというコンセンサスが固まっていった。

一方で、最初の発見以降、第1章で説明したように、現世の地球においても深海熱水活動そのものが、極めて多様であることがわかってきた。そして、それぞれの熱水活動域にはそれぞれ異なる化学合成生物が生息していることもわかってきたのである。

つまり熱水活動域が異なると、そこに生息する生態系はもろ変わるに違いないという、落ち着いて考えれば当たり前のことが、目の前の事実としてわかってきたのである。

特に、「温泉国」日本に住む日本人であれば、「温泉にも様々な種類があり、それぞれ成分が異なり、それのおかげで効能が違う」ということをよく知っていると思う。

ということは、「別府温泉と有馬温泉は泉質が全然違うから、もしあの温泉水に微生物が生息しているなら、多分全然違う微生物だろうなぁ」と比較的簡単にわかってもらえると思う。

もちろん温泉にあまりなじみのない欧米研究者の中には「目に見える大型生物の生態系が違うからといって、目に見えない微生物の生態系まで違うなんてことは言えまい」という立場もあった。また、「深海熱水活動域における微生物生態系なんてどうやって解析するんだ」という難問もあった。この問題に対して最初に挑戦したのは、地球化学者であった。

「微生物学者は、なんか変な菌がいるぅいるぅみたいな研究ばかりで、包括的に理解しようとしとらん。とにかく深海熱水活動域にどのような微生物の生態系が形成されるかを化学的に明らかにしよう。そうしよう」という崇高な目的で、1997年、トム・マッカラムとエベレット・ショックは、熱水に含まれる還元化学物質が、海水に含まれる酸素や硝酸、硫酸といった酸化的物質と混合する時、どのような微生物のエネルギー代謝がどのぐらいのエネルギー収量で起きるのか熱力学的なシミュレーションを行った。

そうすると、「なんか変な菌達がいるぅいるぅという研究で見つかっていた変な菌達が、確かにそのような熱水活動の混合域にワサワサいること」がエネルギー量論的に正しいことがわかったのである。

実に当たり前のことがわかったのであるが、これは大きな「はじめの一歩」だったのだ。

熱水の作り方

ここで、少し話が脇道に逸れるが、なぜ多様な深海熱水活動や温泉ができるのか、簡単に説明したいと思う。それがエネルギー代謝から見た持続的生命を考える上で極めて重要な意味を持ってくるからである。

深海熱水活動とは、熱で暖められた「地殻の中に浸み込んだ海水（３５０〜４００℃くらい）」が、その高温のため密度が軽くなって仕方なしに地殻の岩石の小さな割れ目を伝って上昇することが始まりである。

これは、地球の進化とは無関係の単なる物理現象である。

熱水が上昇してしまうと、その熱源（地殻の中に割り込んできたマグマや高温の岩石体）に近いところから、水がなくなった分だけ周りから水が流入しようとする現象は簡単にイメージできるのではないだろうか。連鎖的に周りの地殻から少しずつ熱源の周りに海水が動く。その動きは最終的には深海底で海水を地殻に引き込んでいることになる。

上昇した熱水はなるべく上へ上へ最短距離で海底から噴出するようなイメージでいい。しかし水を流入させる空間は、上昇して水がなくなった空間に比べ膨大な空間なので、熱水として上昇する分の水の量に比べ、周辺の空間の水の量は遥かに多く、移動も様々な方面からちょっとずつという感じである。

そうすると上昇する熱水の量に比べて、地殻の中の熱源近くの周辺で（以後この場所を熱水反応場と呼ぶ）じわじわ熱せられる水の量は遥かに多いと考えられる。

もし熱源がすごく浅い場合、上昇した熱水分を補う水の海水から熱水反応場への行程を考えれば、比較的早く流入してきて、流出してゆくイメージがわかるだろう。反対に、熱源がものすごく深い場合、熱水の循環は長くゆっくりになる。

今述べたことは、「熱水循環の規模と速度」に関する物理的な側面である。

しかし、これだけでは熱水の化学的性質の多様性を説明することができない。それについては、2009年に東京地学協会から発行された「地学雑誌」という和文誌に、JAMSTECプレカンブリアンエコシステムラボの中村謙太郎研究員と私が共同で書いた「海底熱水系の物理・化学的多様性と化学合成微生物生態系の存在様式」と題された論文に、あきれるくらい詳しく解説してある。専門的にがっつり理解したい人は是非一読をお薦めする。

熱水は岩石から海水でとった出汁

本書では、「深海熱水（化学）はどのようにして海底で作られていくか」の最も胆となる概念を、中村研究員のうまいたとえで説明する。それは「熱水は岩石と海水からとった出汁」というたとえである（図5-1）。

ラーメン好きな人はラーメンを考えていただければいい。出汁の素になる岩石は、鶏ガラ、魚、豚骨、牛骨など（言い換えれば玄武岩、安山岩、流紋岩、かんらん岩）、いろいろあって、それだけで出汁の味（熱水化学組成）が大きく変わる。その混ぜ具合も重要だ。さらにその煮込み時間を変えることによっても、あっさり、こってり、こっさり（最初の一口はこってりしているのだが、後味はさっぱりという意味らしい）など、出汁の味に大

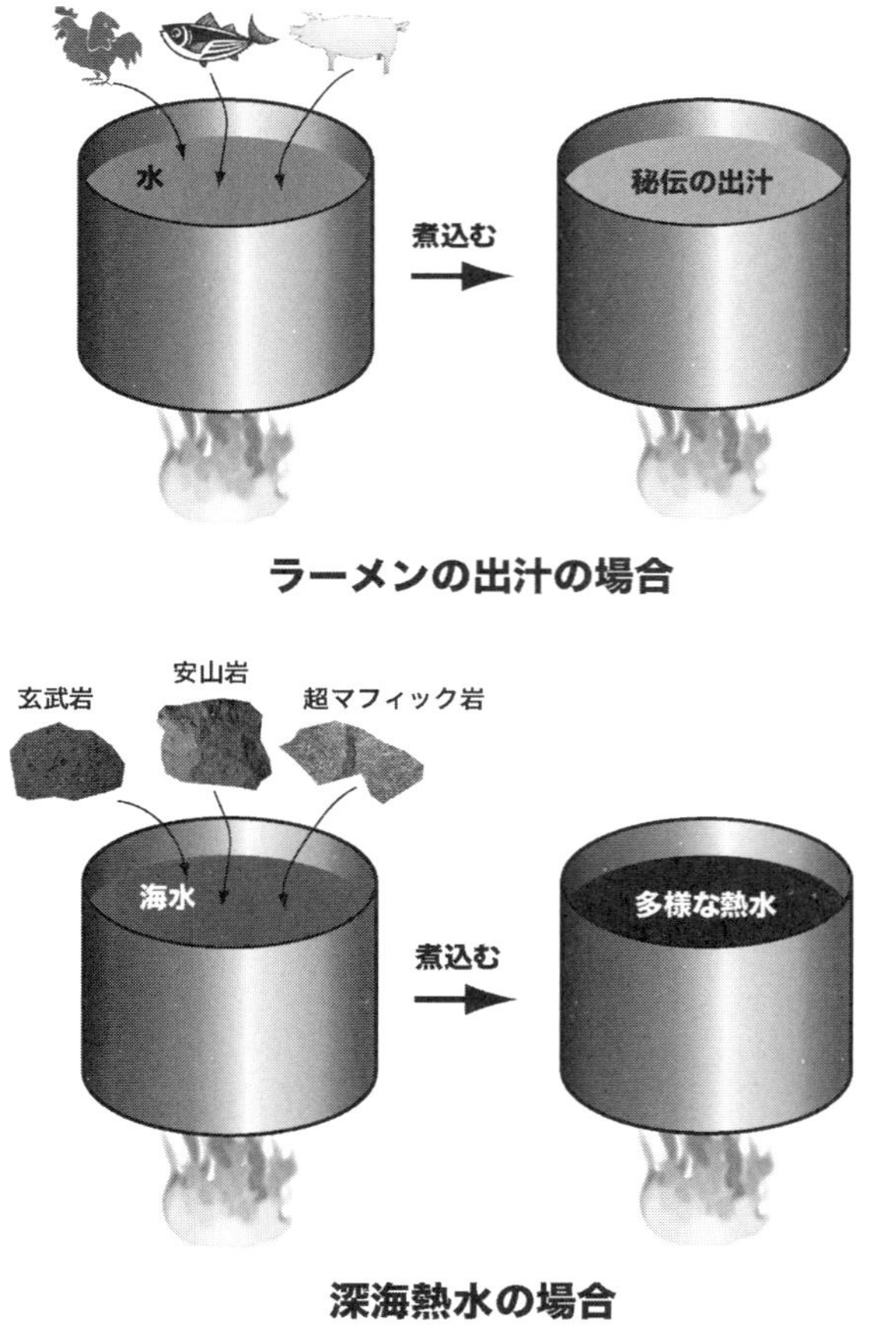

図5-1● 「深海熱水」とは「海水」と「岩石」からとった「出汁」であるとJAMSTECプレカンブリアンエコシステムラボの中村謙太郎研究員は力説する。そのとおりである。出汁の素を変えると違う味が出るように、岩石が変わると熱水の化学成分（味）は大きく変わる。火加減（マグマや熱の量）や秘伝の調味料（マグマの揮発成分）も熱水の化学成分に大きな影響を及ぼす。

図5-2●インド洋「かいれいフィールド」のブラックスモーカー。

きな影響があるだろう。また隠し味として、マー油のようなマグマから生じる火山ガスなどもある。

すなわち、熱水の化学組成を決定する最も大きな要因は、地殻に浸み込んだ海水が、どのような岩石と、どのような条件で(温度と圧力が最も重要)、どれだけ(反応時間と水:岩石反応比率)反応したかということなのだ。

読者の中には、なんらかの媒体で、深海熱水活動の映像を見たことがある人もいるだろう。よく出てくる映像は、黒い煙がモクモクと噴き出す「ブラックスモーカー」の映像ではないかと思う(図5-2)。ブラックスモーカーが黒いのは、高温酸性熱水中に主に硫化鉄が溶けていたものが、海水や海底近くで温度が下がることによって、溶けなくなって急遽黒い粒子として析出しているからである。もちろん硫化鉄だけでなく、硫化銅や硫化亜鉛も混じっている場合もある。特にこの鉄や銅、亜鉛は、基本的に海水（熱水）が岩石から溶かしてきた味成分（化学成分）なのだ。

地質と生命を結び付ける熱水化学

先に述べたように、（1）熱水の化学組成は熱水活動が起きているその場の地質学的な条件で大きく異なる、という原理が導き出される。

また、マッカラムとショックの研究によって、（2）熱水微生物生態系は、熱水の化学組成によって大きく異なる、ということもわかったわけである。

この二つの原理から、「熱水微生物生態系は、熱水の化学組成、ひいては熱水活動の地質学的な条件によって大きく異なる」ということが帰納的に結論づけられるのである。私はこれを「マッカラム―ショック予想」と呼んでいる。

彼らは、熱水と海水の化学組成から計算される微生物の化学合成エネルギー代謝のエネルギー量予想を基に、微生物群集の組成を「化学的に予想」できることを示したからだ。このマッカラム―ショック予想が、現実の熱水活動域に生息する微生物生態系の解析によって本当にそうだとわかるようになったのは、何を隠そう私の研究の成果なのである。10年以上に及ぶ世界深海熱水征服計画の結果から、ようやく明確な関係性を示すことができたのである。

言いたいのは次のようなことである。

多くの人は「地球生命は深海熱水活動域から始まった」と考えた。しかし、現実の熱水活動というのは、まったくもって単純なものじゃない。

それは40億年前でも同じこと。

そして、私こそ、熱水研究のプロフェッショナル、もっと言えば、熱水活動域における生命活動に関する研究では誰にも負けないと自負する研究者である。

1977年に深海熱水活動が発見されて以来、30年近くかかって創り上げられてきた「地球生命は深海熱水活動域から始まった」というぼやーっとしたシナリオを、そろそろ「地球生命はどんな深海熱水活動域からどのように始まり、どのように繁栄したのか」ということまでクリアにできるのは、まさしく自分しかいないと思ったのだ。

生命共同体を持続させるエネルギー

「自分しかいない」と妄想し出したのは2000年ぐらいのことだったと思う。

まず考えたのは、本当に原始深海熱水活動域における「生命の起源・誕生」が重要なのか？　ということだった。既に何度も述べているように、また多くの偉大な先達が言葉を残しているように、生命の誕生は、この地球の深海熱水環境では、ありふれた日常であったはずで、同時にその生命の終焉もありふれた日常であった。つまり重要なのは、我々に繋がった、たった1回の「持続的生命の誕生」である。

次にその始まり方である。本当に明確な一つの始原生命から始まったのであろうか？「ハイッ、最初の生命オリジン君誕生！　オリジン君はルカ君になったね。さあルカ君、さあ、原バクテリア君と原アーキア君に進化しなさい！」という明確なモノではなくて、ウーズのプロジェノートのように、「バクテリア的なワタクシとアーキア的なアナタが渾然一体となった、どこからがワタクシでどこからがアナタかわからないような、さらにはよくわからない見知らぬダレカまで一体となっているような」状態であったはずだと考えた。

このような状態は、今の微生物の世界でもかなり当たり前の現象で、一応40億年の進化を重ねてきたので、ワタクシとアナタの区別はつくようにはなっているが、エネルギーの流れから言うと、もはや一つの生命のように見える共同体を形成していることが普通である。

これを我々、微生物研究者はecosystemと呼んでいる。つまり、「原始深海熱水活動域における最初の持続的生命の共同体、Most ancient living ecosystemを考えよう」と思ったのである。

そう考えると、何を基準に考えればいいかがわかったのである。「いかに生命共同体を持続させるエネルギーを確保するか」という基準である。別の言い方をすれば、個の生命の一つ一つの存続が重要ではなく、その共同体を存続させること（とそのエネルギー論）が重要であるということになる。

そこで、私が研究を積み重ねてきた化学合成エネルギー代謝の進化から、持続的生命の誕生を見直そうと思ったのである。

それまでに最古のエネルギー代謝とは何かという議論がなかったわけではない。例えば、前述のカール・シュテッターは、自ら分離しまくった超好熱菌のコレクションの中でも、「水素を元素状硫黄で酸化する水素酸化硫黄還元エネルギー代謝」が系統的にも分岐が古く、最も原始的な化学合成エネルギー代謝ではないかと論文で述べている。

また、アメリカの鉄還元菌の研究の大御所であるデレク・ラブリーという実際は全然〝ラブリー（可愛らしい）〟じゃない研究者は、「鉄還元こそ最古のエネルギー代謝」と主張する。これらの主張は、どちらかと言えば「自分の研究しているエネルギー代謝こそ、最古の代謝である」と言いたいのかもしれないという側面があるが、基本的には、16ＳｒＲＮＡ遺伝子の系統樹における原始的な系統の微生物がどのようなエネルギー代謝を有しているかという考察から導かれるものであった。これらの考察は、最新の情報に基づいていなかったので、最新情報を基に、同じような「系統学的に古い」エネルギー代謝を考えてみたわけである。

エネルギー代謝とは何か

そして本論に入っていく前に、エネルギー代謝とは何かということを理解してもらわないといけないんですが、これが結構、なかなか難しくって面白くないんですね。

私自身、「本当に理解しているのかね、キミィー」と言われればすぐに謝る用意はあると言いたくなるが、ここがミソなのだ。なるべく楽しんで説明するので、がんばって理解

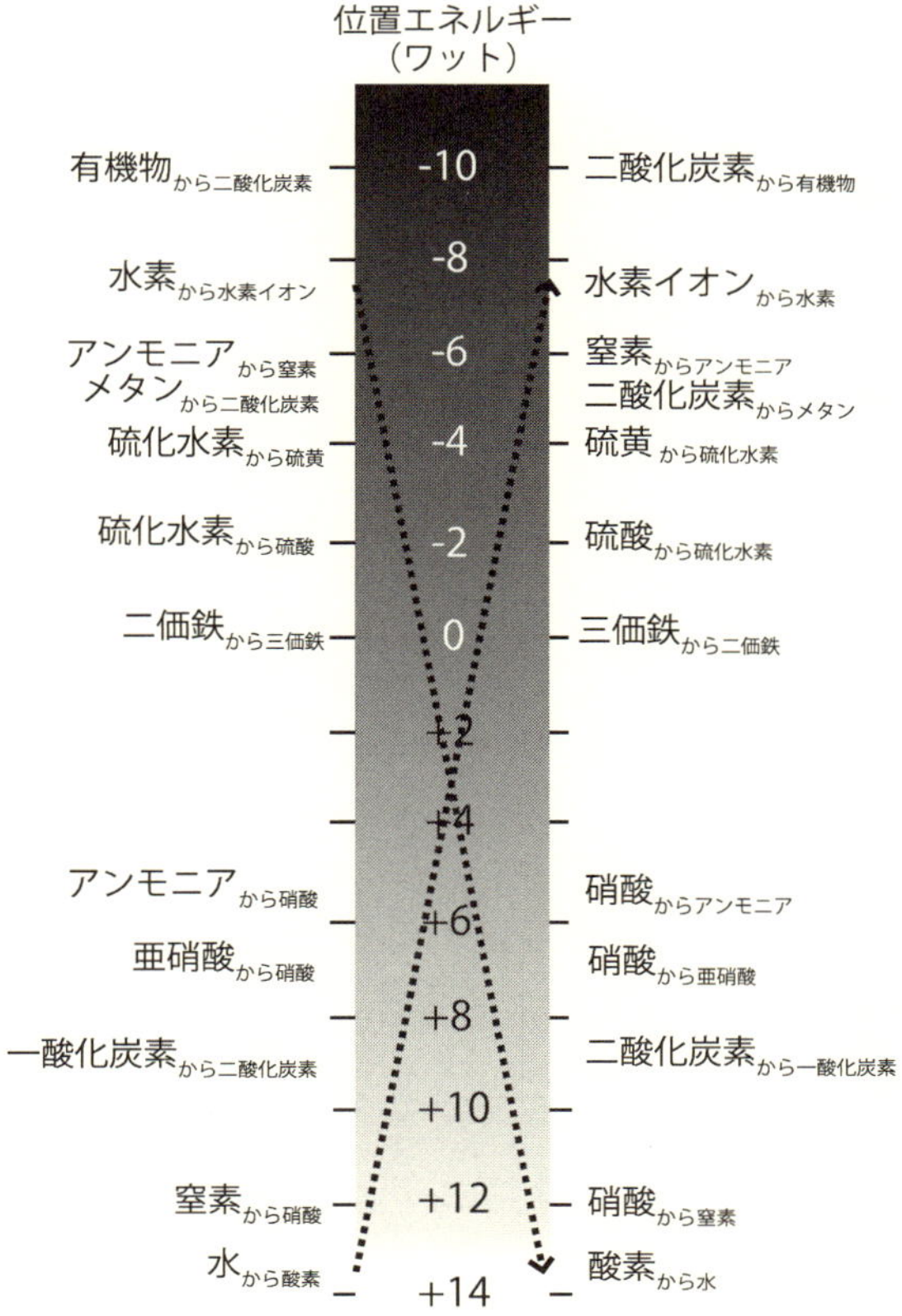

図5-3●無機化学物質の酸化・還元反応における位置エネルギー（酸化還元電位）の比較図。左側の酸化反応で上にいけばいくほど（位置エネルギーがマイナスになればなるほど）エネルギーを放出しやすい。右側の還元反応で下にいけばいくほど（位置エネルギーがプラスになればなるほど）エネルギーを受け取りやすい。よって生命にとって右下がりの組み合わせはエネルギーを得ることができるが、右上がりの組み合わせはエネルギーを与える必要がある。矢印は、水素と酸素が反応して水ができる時と、水を電気分解する時のもの。

してクダサイ。

まずこの世界に存在するすべての物質は、「位置エネルギー」という共通の潜在エネルギーの価値が決まっていると考えていただきたい。図5-3にその一例を示す。

その潜在エネルギーがマイナスになればなるほどエネルギーを放出したい願望が強くて、潜在エネルギーがプラスになればなるほどエネルギーを受け入れたい願望が強いということだ。別名、酸化還元電位とも言う。

図5-3の左側に並んでいる反応（酸化）と右側に並んでいる反応（還元）が可逆の場合は同じ高さになっているはずだ。左側の酸化と右側の還元が反応したとしよう（酸化還元反応）。線を結んで、右下がりの場合は、エネルギー放出量に比べてエネルギー受入量が少ないので、余剰のエネルギーが基本的には熱となって発散する（発熱反応）。

水素と酸素が反応したと考えてみよう。ものすごい右下がりの坂になるのがわかるだろう。すごいエネルギーが余るわけだ。だから爆発するんだよ。水素と酸素を混ぜると、ボンとな。逆に右上がりになるのはエネルギー放出量が少なくてエネルギー受入量が大きいので、「おかみぃー酒がたらんぞ酒が」状態で、エネルギーが足りないわけだ（吸熱反応）。

通常は何かエネルギーを足さないとこういう反応は起きないのだ。この場合の例は、水から水素を作る反応を想定してみてほしい。水の電気分解のように、わざわざ電気というエネルギーを与えることによって、水から水素を作っているわけである。

これで、理解していただけただろうか？　エネルギー代謝というのは基本的に左側の出発物質を右側の出発物質で酸化した時に、右下がりになる反応が基本であり、その時放出されるエネルギーを「熱」の代わりに、「アデノシン三リン酸：ＡＴＰ」という通貨に換金する作業なのである。

パチンコでいっぱい出たタマを「エイヤー」と道にばらまいても何の足しにもならない（それどころか怖いおにーさんが出てきてこってり絞られるはず）が、こっそりお店の後ろのほうに行くとお金になって好きなモノが買えるのと同じだ。出玉（熱）を換金（ＡＴＰに）すること、これがエネルギー代謝なのだ。そう思ってみると図5-3って面白いんデスよ。左側の上のほうに君臨している出発物質というのが、すごい重要なのです。無機物質の中では水素が最強であることがわかると思う。

エネルギーをATPに換える三つの方法

これでエネルギー代謝の半分は理解したも同然である。あと半分である。

パチンコの換金率というのが都道府県によって大きく変わるのは、パチンコ好きの人ならご存じであろう。「県警OBと天下りがどうのこうの」ということがあるらしいが、その理由は全く関係ないのでそれについては触れないが、とにかくそうなのである。ここでは生物の持っている換金法（エネルギーをATPに換える方法）は、基本的に三つしかないのだ。「基質レベルのリン酸化（発酵）」「酸化的リン酸化（呼吸）」「光化学的リン酸化（光合成）」の三つである。全部をちゃんと説明しないが、大枠だけ理解していただきたい。

まず発酵。有機物の中でも少しずつ位置エネルギーが違うのである。例えばピルビン酸という有機酸があるとしよう。これが酢酸に変換されるとピルビン酸の位置エネルギーは酢酸よりちょっと高いので、酢酸に変化した時、ATP1個と交換できる権利が生まれるのだ（図5-4）。

ピルビン酸が酢酸にコロッコロッと変わるとATPがポテッポテッとできるということだ。これが一番単純な酢酸発酵という発酵である。グルコースという糖をピルビン酸まで変化させると何と2個もATPがもらえちゃうのである（図5-4）。お得よね〜というのが

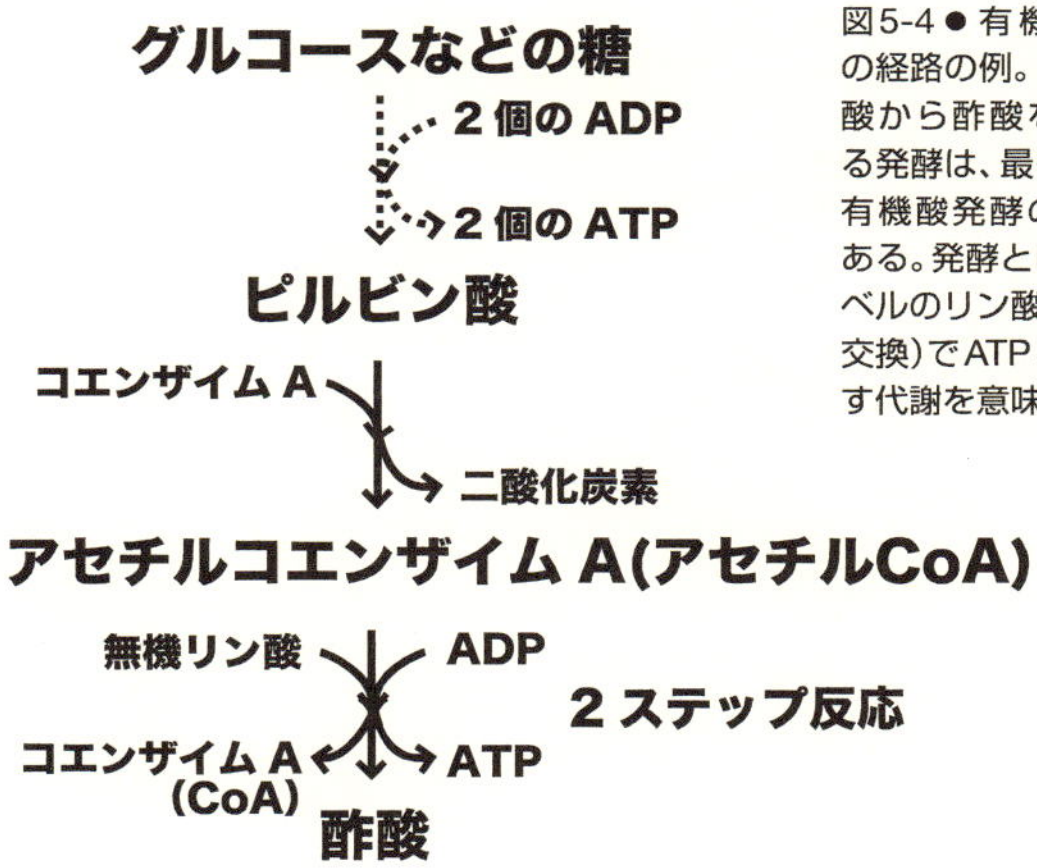

図5-4●有機物発酵の経路の例。ピルビン酸から酢酸を生成する発酵は、最も単純な有機酸発酵の一つである。発酵とは基質レベルのリン酸化（物々交換）でATPを作り出す代謝を意味する。

解糖系という発酵系である。

これは正味の物々交換であり、人類の貨幣の歴史を考えても原始的な方法ということが情緒的には理解できよう。呼吸と光合成は少しエネルギーの供給源は違えども、基本仕様は同じである。金融業のノウハウが入ってくるのである。

ピルビン酸という有機酸を酢酸にするとATP1個にしかならなかったのに対し、ピルビン酸をトリカルボン酸回路（TCA回路）と呼ばれるロンダリング回路に入れ込むと、なんやかんやでその回路が回り出し、次々にピルビン酸をつぎ込むことになる。

とはいえピルビン酸がその回路を1周してくる間に、NADHとかFADHとか、まあ

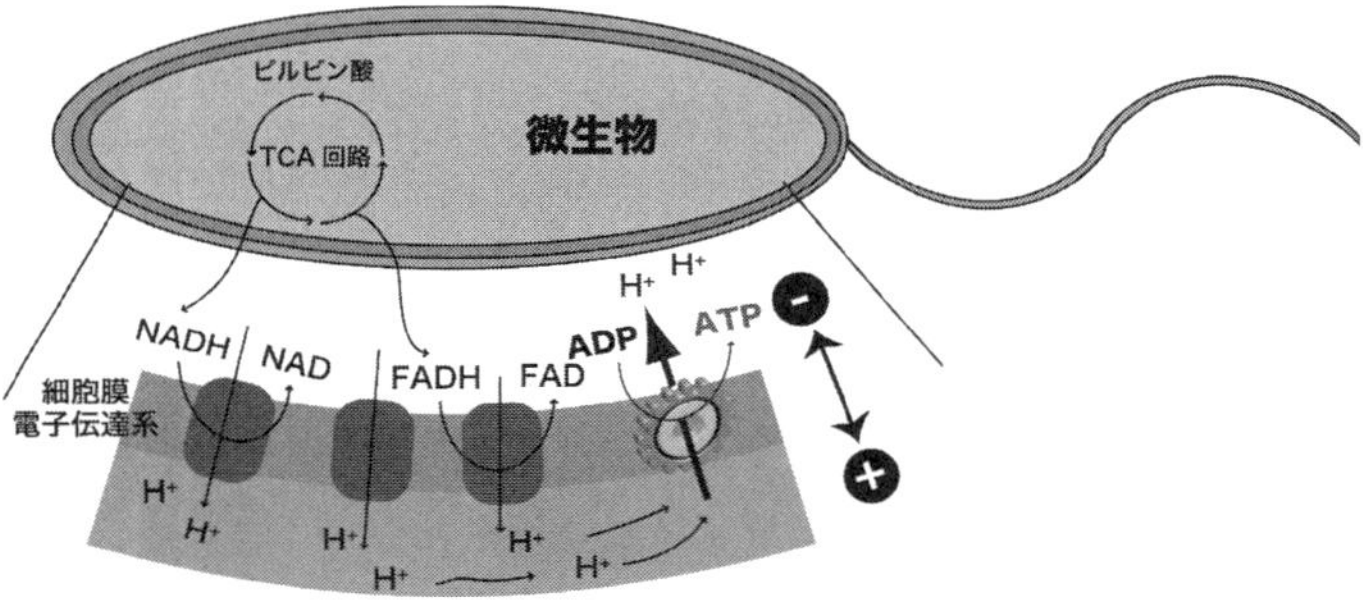

図5-5 ● 呼吸や光合成によるATP生産の模式図。有機物を変換してゆく際に、直接ATPを作るのではなく、一旦ATPとは別のエネルギー通貨であるNADHやFADH等を作り、それらを細胞膜の電子伝達系という複雑な機構を使って、電気的にATPを作る代謝。図は、かなり簡素化してあるがかなり難解に見えるかもしれない。そう複雑です。ですから発酵に比べるとかなり進んだエネルギー代謝であることは間違いない。

ATPをドルとすれば、ユーロとかランド（南アフリカ）のような通貨が稼げるのだ。そういういろんなATP以外の通貨をいっぱい稼いでおく。稼いだ通貨を、細胞膜にある電子伝達系という資産運用機関に持って行くと、そこで効率的な運用をしてくれる。いろんな通貨を交換しながらそのたびに利潤を積み重ねていくのだが、科学的に言えば、すべてプロトン（H^+）を細胞膜の外側に貯めていくということだ。

ある一定の利潤が貯まったら（ある一定のプロトンが外側に貯まって、細胞の内と外で充分な電圧が貯まったら）、ATPアーゼという酵素を使って、すべての利潤をATPに換えてくれる（図5-5）。そうすると、物々交換では無理だった大量のATPが手に入るのだ。我々人間の細胞の中にあるミトコンドリアとか、植物の細胞にある葉緑体というのは、まさしくそのような仕事、「呼吸」や「光合成」をしている。

つまり「呼吸」や「光合成」というのは、電子伝達系を通じて電気を使い一気に効率的にATPを作る方法である。これも情緒的に考えれば、「発酵」が一番原始的で、「呼吸」、そして「光合成」になっていったんだろうなぁとわかっていただけると思う。

最初のエネルギー革命

ここまで理解したところで、いよいよエネルギー代謝の面から、生命の誕生を考えてみよう。オパーリンの提唱した「有機のスープ」のような生命誕生のシナリオは未だに強固に生き残っている。スープだったか「有機のノリ」あるいは「有機のスポンジ」だったかはわからないが、とにかく有機物の濃縮された深海熱水活動域近辺の海底の場所で、生命が誕生したとしよう。

有機のノリから生命が誕生したとすると、誕生した生命の周りには有機物がいっぱいあったはずである。そうすると、位置エネルギーの高い有機物がいっぱいあるのなら、その有機物からエネルギーを取り出せばいいので、比較的単純な原始酵素反応（例えばピルビン酸から酢酸への発酵は3ステップ）でいける発酵でATP（もしくは原始ATPであるピロリン酸）を作っては、エネルギーを賄っていた。

しばらくすると自分の周りにある有機物を全部使い切ってしまって、あーあエネルギー源が終わってしまった、となったに違いない。あとは共食い。そして最後の一つの生命もいなくなったと。このようなことが繰り返されただろう。しかし、その繰り返しのうちに、熱水から運ばれてくる無機エネルギー源から、発酵以外の方法、つまり呼吸に近い形でATPを作ることのできる能力を持った生命が出てきたに違いない。

その時最初の生命のエネルギー革命が起きたのだ。

2回目のエネルギー革命は当然光合成の発明である。

つまり、最古のエネルギー代謝とは何かという議論は、ここから始めるべきなのだ。最初は有機物発酵で始まったエネルギー代謝が、その主要なエネルギー獲得方法を化学合成エネルギー代謝へと変換した時、その化学合成エネルギー代謝は何であったのかが重要なのである。

従属栄養説とパイライト表面代謝説

一つだけ寄り道をしておこう。オパーリンの提唱した「有機のスープ」のような生命誕生のシナリオは、最初から化学進化による有機物があったという考えが基になっており、生命の炭素源が有機物であったということから「生命の起源＝従属栄養説」と言われる。

それに対して、ヴェヒターショイザーは、生命の誕生を支えたのはパイライトという鉱物の表面で二酸化炭素から生成される有機物合成代謝であるという「パイライト表面代謝説」を主張した。

ヴェヒターショイザーは最初の段階では、ピロータイト（マキナワイト）という鉱物がパイライトに酸化される時のエネルギーによって様々な化学反応が起きるということを示し、エネルギー代謝としての重要性を指摘していたにもかかわらず、徐々に生命の炭素源が、その化学反応によって生成される二酸化炭素由来の有機物で支えられたという「生命の起源＝独立栄養」を主張するようになった。

残念ながら、ヴェヒターショイザーのこの主張の変化は本質からずれていったと言わざるを得ない。ピロータイト（マキナワイト）という鉱物がパイライトに酸化される時のエネルギーによって様々な化学反応が起きることが重要であり、それを原始エネルギー・炭素代謝の全体の進化と結び付ける必要があった。それはのちほど詳述する内容であるが。

いずれにせよ、このヴェヒターショイザーの「パイライト表面代謝説」も「RNAワールド」と同じように、「生命の起源」関係の本では必ず出てくる有名な説であるが、本来は生命の誕生の重要な過程をうまく説明する説であったはずなのに、なぜかメインストーリーに対するアンチストーリーのようになっている。ヴェヒターショイザーの論文としては、細胞膜の進化に言及したものも評価が高く、天才的なひらめきが感じられる。むしろ、ヴェヒターショイザー＝「パイライト表面代謝説」というくくりで見ることなく、一つ一つの論文の中で述べられている主張について、再評価すべきと思う。

系統樹から考察する最古の化学合成エネルギー代謝

では、最古の化学合成エネルギー代謝についての考察に移ろう。図5-6を見てほしい。第4章で説明した系統樹とよく似た系統樹が示してある。この系統樹には真核生物は含まれていないが、微生物の大きな分類グループをすべて含んでいるかなり本格的な系統樹である。

初期持続的生命の位置はアーキアとバクテリアの中間地点ぐらいにあると考える。まず図5-6の太いぼかした線は何を表しているかというと、まあ70℃ぐらいよりは高い温度

図5-6●進化系統学から見た最古のエネルギー代謝の考察。系統樹は小サブユニットRNA遺伝子に基づいたもので、ウーズの1990年バージョンとほぼ同じものである。アーキアとバクテリアの大きな分類群がそれぞれの枝で示してある。太いぼかした線は、好熱性のグループを示す。線の後ろにある数字は、下に示してあるように、典型的なエネルギー代謝を意味する。初期持続的生命共通祖先に近い枝が示すエネルギー代謝が、古い起源を持つエネルギー代謝と考えることができるかもしれない。

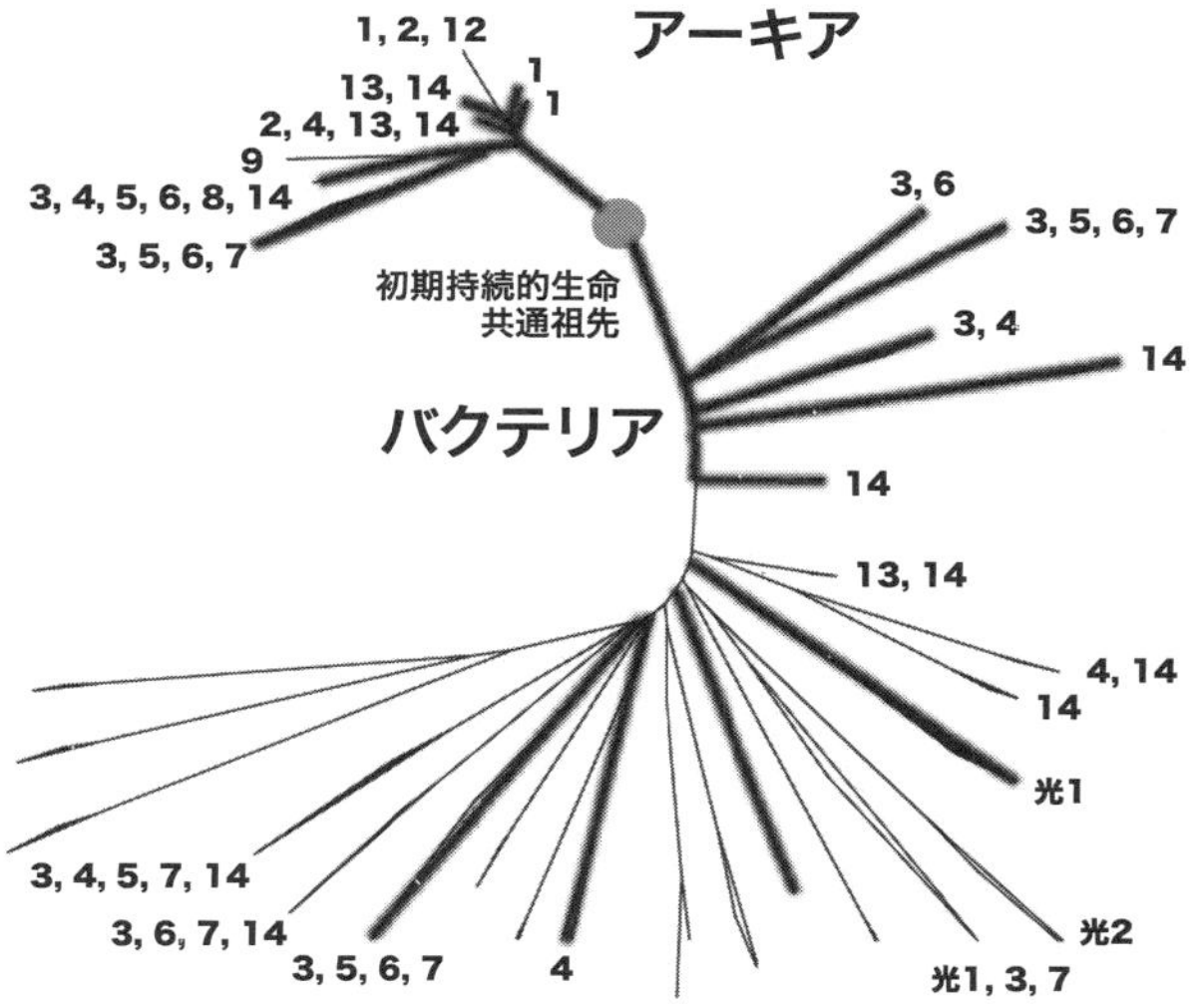

1: 水素 + 二酸化炭素 → メタン(メタン生成)
2: 水素 + 二酸化炭素 → 酢酸(酢酸生成)
3: 水素 + 硫黄 → 硫化水素(硫黄還元)
4: 水素 + 硫酸 → 硫化水素(硫酸還元)
5: 水素 + 三価鉄 → 二価鉄(鉄還元)
6: 水素 + 硝酸か酸素 → 水
7: 硫化水素 + 硝酸か酸素 → 硫酸
8: 硫黄 → 硫化水素 + 硫酸
9: アンモニア + 酸素 → 硝酸
10: アンモニア + 亜硝酸 → 窒素
11: メタン + 酸素 → 炭酸
12: メタン + 硫酸 → 炭酸 + 硫化水素
13: 一酸化炭素 + 水 → 水素 + 二酸化炭素
14: 有機物 → 水素 + 二酸化炭素(有機物発酵)
光1: 酸素非発生型光合成
光2: 酸素発生型光合成

で成育する好熱性の微生物の種類を表している。見てのとおり、初期持続的生命に近い枝は、みんな好熱菌が占めているのがわかるだろう。「この系統樹はまやかしなのだ。細工がしてあるのだ。陰謀なのだ（ここまでは言ってないけど）」と主張するのが、「共通祖先は好熱性」反対派である。まあだいたいごく普通の解析をすると系統樹はこうなってしまうのであるが。

次に数字はともかくとして、「光」という文字が見えるだろう。それは「光合成エネルギー代謝」をする微生物のグループを表している。「光」マークは初期持続的生命から、かなり離れているのがわかると思う。これは、「光合成エネルギー代謝」が初期持続的生命に採用されていない一つの有力な証拠である。

一応この図では、完全無欠な「光合成」だけを示したが、不完全な光合成システムを含めてやはり、原始的な分岐の微生物にはその気配が見当たらない。やはり、初期持続的生命は「化学合成エネルギー代謝」で支えられていたと考えられる。

そして次に数字に注目してほしい。これは様々な化学合成エネルギー代謝の種類を表している。初期持続的生命のあたりに目につく数字は何かというと、1、3、5、6であろう。これはそれぞれ「水素資化性メタン生成」「水素酸化硫黄還元」「水素酸化鉄還元」そして「水素酸化硝酸還元」を表している。

系統樹から類推できる可能性としては、これらの「化学合成エネルギー代謝が怪しい」ということが言えるだろう。そして揃いも揃って、全部「へえー水素を使うエネルギー代謝なんだ」と感じていただければしめたモノである。

すなわち、系統学的な立場から、じっくり「最古の（有機物発酵の次の）化学合成エネルギー代謝」は何か、と考えれば、（1）水素を使うこと、（2）メタン生成か硫黄還元か鉄還元（硝酸はさる理由で無視します）であること、という可能性が理解できよう。

アセチルコエンザイムAは代謝のハブステーション

次に進化生化学的な立場から「最古の化学合成エネルギー代謝」を考えてみよう。ここで登場するのはノーベル生理学・医学賞受賞者であるクリスチャン・ルネ・ド・デューブである。

彼はペルオキシソームやリソソームのような細胞小器官の発見によりノーベル賞を受賞したが、それとは関係のないところで、原始エネルギー代謝に関する重要な仮説を提唱している。前に、現在の生物学のエネルギー代謝の基本通貨はアデノシン三リン酸（AT

P）であると述べた。ATPはドルなのだと軽々しく言ったが、実はどちらかと言うと金本位制の社会における金のように、あらゆるエネルギー代謝の基本として用いられているものである。

原始的な代謝系においてはピロリン酸という無機リン酸が二つくっついた無機物質が、代用されていた可能性は大いにあるが、現世の生物のすべてのエネルギー代謝がATPやピロリン酸のような高エネルギーリン酸結合を持ったエネルギー通貨で賄えるというわけではない。そして、多くの代謝の中の鍵となっている反応のエネルギー通貨はチオエステルという物質なのだ。

例えば有機のノリから生まれた最初の生命は、ピルビン酸から3ステップで酢酸を生成し、ATPを作ったのではないかと述べたが、その最初のステップは、ピルビン酸からアセチルコエンザイムAという物質を作るステップである（図5-4）。このアセチルコエンザイムAという物質は、生物の代謝系の最も重要なハブステーション（中継地）であり、いろんな代謝がこのアセチルコエンザイムAを経由して進むのだ。

「生命とは何か」と尋ねられたら、思わず「生命とはアセチルコエンザイムAである」と答えたくなるくらい、めちゃくちゃ重要な代謝中間物である。このアセチルコエンザイム

Ａそのものが「チオエステル」である。

チオエステルというのはカルボン酸＋チオールからなる物質で、その結合のところが高エネルギー結合で、くっついたり切れたりすることで、エネルギーを授受するのである。ド・デューブは、このようなチオエステルが原始代謝系においてＡＴＰの代わりを果たしたに違いないという主張を「チオエステルワールド」と名付けた（また出たよワールド）。

チオエステルの重要性

私は、２００６年にある国際学会の「生命の起源」セッションでこのド・デューブと話す機会があった。かなりの高齢で、その話は「チオエステルワールド」にもほとんど触れなかったので、実はその後で、ド・デューブの「生命の起源」に関する研究の中身をよく知るようになった。惜しいことをした。ウーズ、ヴェヒターショイザー、ミラー、ド・デューブと言えば、まさしく「生命の起源」論争を、ネイチャー誌上やサイエンス誌上で激しくやり合っていた巨人達であるが、直接話したのはド・デューブだけとは。しかも、その時は「ノーベル賞受賞者かなんか知らんが、もうちょっとましな話をしろや」と超ナマイキモードであった。サインもらっておけばよかったと後悔している。

ド・デューブの指摘した「チオエステルの重要性」は、「初期生命は、深海熱水活動域で誕生した」という考えと結び付くと、より重要かつ本質的になってくる。

なぜなら、チオエステルやチオール、ジスルフィドなどの硫黄を含む有機化合物は、ピロータイトやパイライト、硫化水素、炭化水素（メタンやエタン）、カルボン酸（ギ酸や酢酸）が豊富に供給される深海熱水活動域では、容易に生成され得るからである。

実は、このようなド・デューブの「チオエステルワールド」とヴェヒターショイザーの「パイライト表面代謝説」、そして深海熱水活動域と冥王代の地質学など、すべてを包括的に統合した「生命の起源」に関するシナリオを、日の当たらないところで着々と創り上げてきた漢《おとこ》がいるのである。マイケル・ラッセルという漢である。

日の当たらない場所でも、着々と一歩一歩積み上げてきたために最近になって、ようやく大物扱いされるようになってきたが、ラッセルの創り上げたシナリオは、おそらく現時点で、世界で最も完成度の高い、ある意味では私を含めたJAMSTECプレカンブリアンエコシステムラボの提唱したウルトラエッチキューブリンケージ仮説以上の完成度を誇るものである。

ラッセルは、スコットランドの大学で、鉱過去の熱水活動域の地質・鉱物学、特に硫化鉱物を研究していたが、どうやらその硫化金属物の有する反応性の高さから、「原始の代謝系は深夜熱水活動域のチムニーや硫化鉱物」の表面や微細な孔で起きたに違いないと思うようになったのだろう。

もちろん、そこにド・デューブの「チオエステルワールド」とヴェヒターショイザーの「パイライト表面代謝説」が影響を与えたのも間違いない。

もともと先カンブリア紀の深海熱水活動域の地質学を専門としていた有利さを生かして、1990年代から、「最古の生命は冥王代の深海熱水活動域で誕生した」というシナリオをあまり有名でない様々な学術雑誌に発表してきた。

その根幹をなしているのは、（1）「冥王代の熱水活動とはどのようなものであったか」という具体的なモデルと、（2）「熱水硫化鉱物による代謝系の進化」モデルである。

（2）について少し説明すると、エネルギー代謝に関わる多くの酵素の活性中心（実際の触媒反応を司る酵素の心臓部に当たるところ）が、実は鉄やニッケルと硫黄のクラスターと呼ばれる鉱物みたいな構造を有している。その活性中心の金属と硫黄を含んだ構造が、熱水硫化鉱物の構造と極めてよく似ているのだ。

ということは、初期生命の代謝は、タンパク質が直接面倒を見なくても、硫化鉱物そのものが本質を担っており、最初はタンパク質が補助役だったかもしれないということだ。そして、徐々に鉱物が原始酵素の中に取り込まれていったのではないかというのが、「熱水硫化鉱物による代謝系の進化」モデルである。

さらに最近では、そのような代謝系だけでなく、細胞のいれものや核酸の複製、に対しても熱水硫化鉱物構造が原始生命のテンプレート（ひな型）になったという拡張モデルが提出されている。

マイケル・ラッセルとの論争

悔しいのだが、これらのラッセル軍団の説は、いちいち説得力があるのである。いちいち認めざるを得ないのである。そして、このような熱水硫化鉱物構造の化学反応から最も簡単に進化するエネルギー代謝は、「水素資化性メタン生成」か「水素資化性酢酸生成」であると主張する。

ラッセル軍団の主張する結論は、何遍も言うように、悔しいがすべて私にとっても納得がいくものなのだが、どうもその過程が気にくわないことが多いのである。

おそらくラッセルという人は、直感がものすごく鋭くて、天才的なんだろうなと思う。

だから最終結論は、ロジックがなくてもいつも正しい方向を向いているのだろう。しかし、途中のロジックがおかしいところも多いのである。だけど最終結論が納得いくものなので困るのだ。

その上、長年いじめられてきたからかどうかわからないが、偏屈なのだ。

ラッセルとはある論文を巡って、激しい論争が続いたのだが、一向に聞く耳を持たないおじいさんである。今や、NASAのジェット推進研究所のフェローであり、もう大物になったんだから、広い心を持ってほしいものだ。「ものすごく尊敬していると同時に、はよ引退してくれや」というのが、私の正直な気持ちである。

そうそう、ラッセルへの愚痴で忘れるところだったが、ラッセルが主張する「最古のエネルギー代謝は水素資化性メタン生成か水素資化性酢酸生成」の根拠となる過程を科学的に示したのは、ラッセル軍団ではなくて、ジェームス・フェリーとクリストファー・ハウスというペンシルバニア州立大学宇宙生物学ユニットコンビであった。

彼らの根拠も、やはり熱水活動域における硫化鉱物のチオール及びチオエステル反応から、最古のATP生成代謝が生まれたとするものであった。ただし、彼らの主張は、一酸化炭素からの「メタン生成」及び「酢酸生成」であったが。

水素と二酸化炭素からエネルギーを獲得する方法

そろそろまとめよう。私は、ラッセル軍団とフェリー&ハウスの主張のエッセンスをまとめ、次のように考える（図5-7）。

原始深海熱水活動域では、現世の深海熱水活動域と同じように金属硫化鉱物が大量に存在していた。その硫化鉱物、特にピロータイトの表面では、メタンチオール（メチルメル

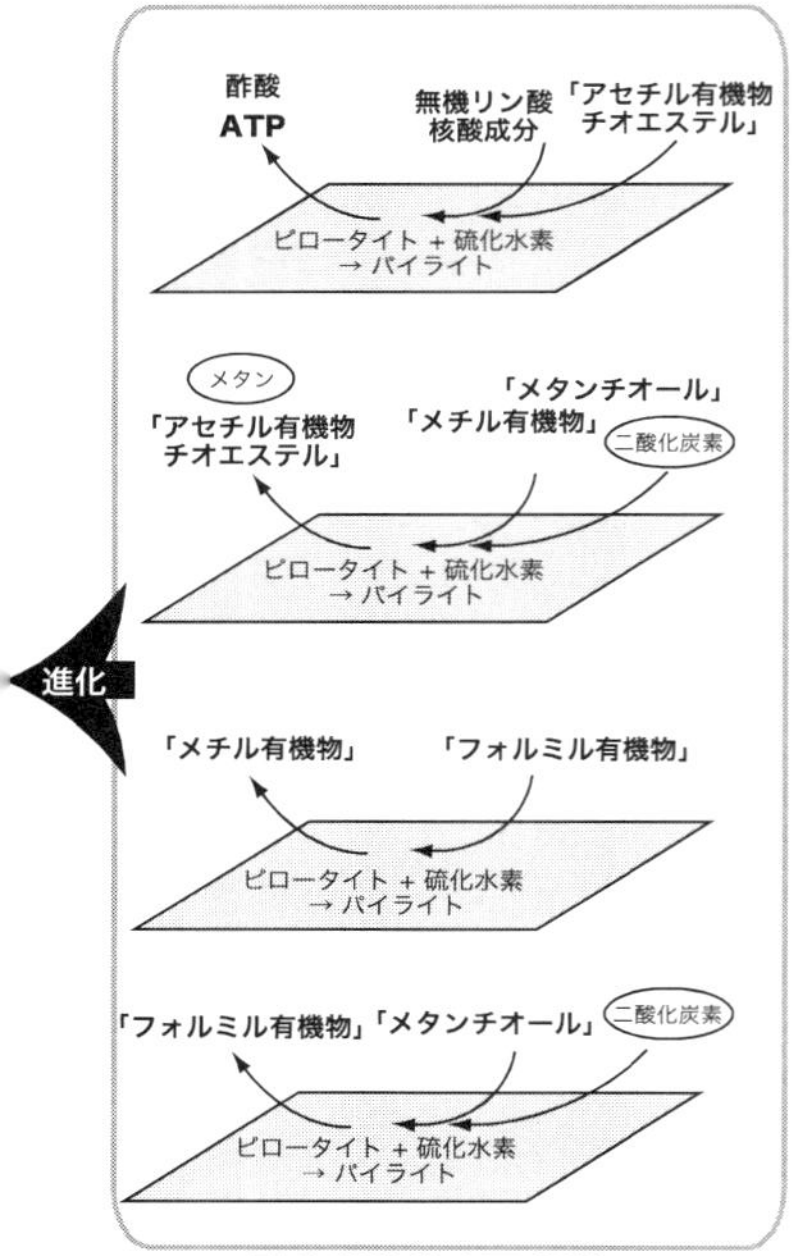

硫化鉄鉱物表面代謝
非生物学的メタン、酢酸、
ATP 生成

↘すことができる持続的な生命が誕生したかもしれない。現世の酢酸生成菌とメタン菌の代謝をそれぞれ、一番左と右から二番目に示したが、どちらも硫化鉄鉱物表面の化学反応とよく似ている。しかしATP生産を比べると、メタン生成経路はATPを生産するのに対して、酢酸生成はATPを消費してしまう。エネルギー論的にはメタン生成が有利であったと考えられる。

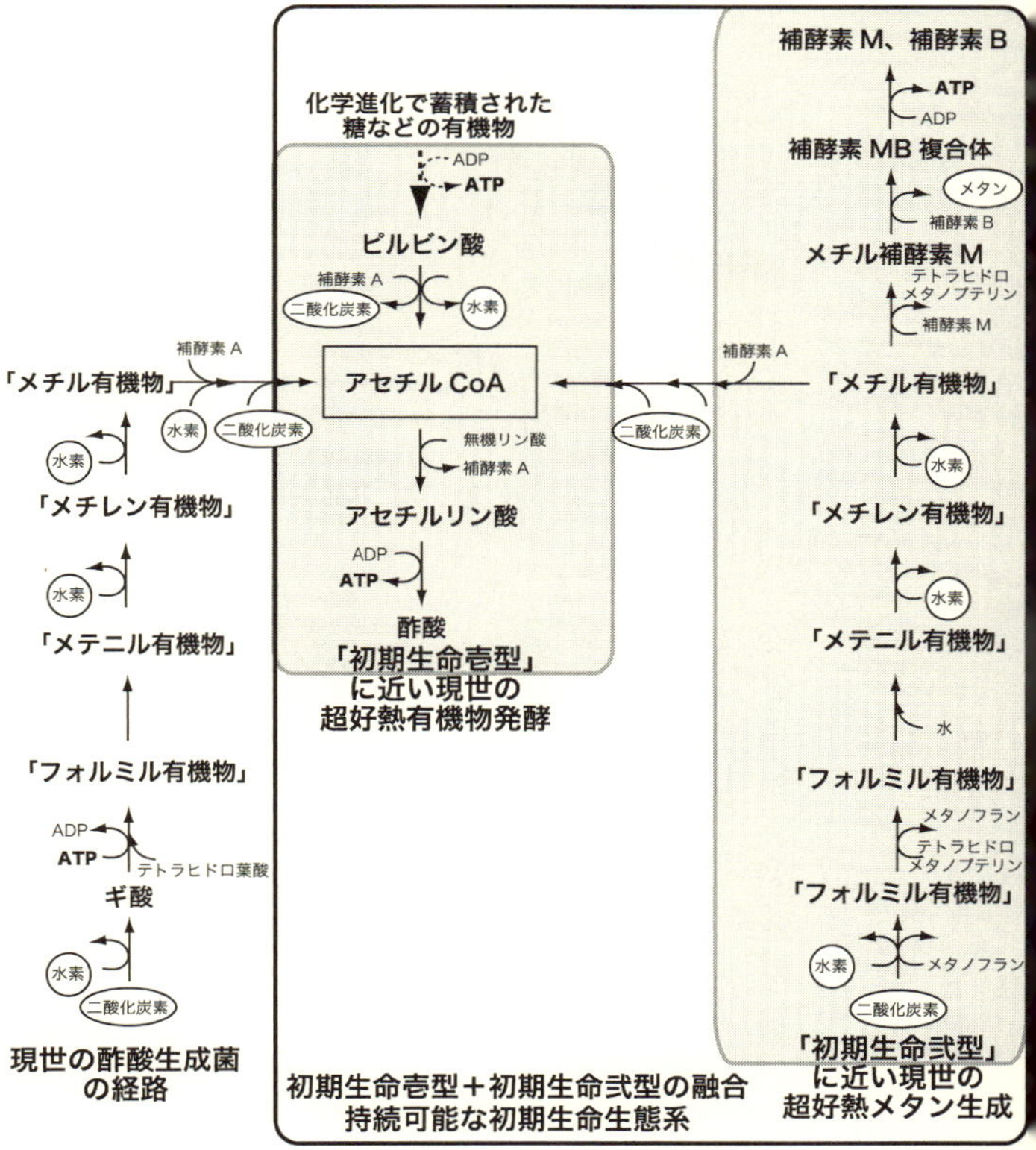

図5-7●進化生化学から見た最古のエネルギー代謝の考察。ヴェヒターショイザーの「パイライト表面代謝説」やド・デューブの「チオエステルワールド」が示すように深海熱水活動域に見られる硫化鉄鉱物表面では、様々な有機化学反応が起きる。理論的には図の一番右側に示されるような硫化鉄鉱物表面でのメタンや酢酸、ATPの生成が可能であると考えられている。つまり鉱物による非生物学的化学合成エネルギー代謝と言えるかもしれない。一方、有機のノリやスポンジから生まれた数多の一発屋生命のエネルギー代謝を支えていたのは左から二番目の有機物発酵であったはずである。この生命は有機物の枯渇によりその活動は終焉する。一発屋生命の中に、一番右側の反応を鉱物ごと取り込んだ生命が出現すると、有機物以外のエネルギー源からエネルギーを取り出↗

カプタン）やエタンチオール、二酸化炭素と硫化水素の化学反応で原始的なメタン生成や酢酸生成によるＡＴＰ生成反応が進行していた（図5-7の一番右側）。

一方、その硫化鉱物の表面や微細な孔には、原始有機物発酵生命（一発屋生命）も共存していた（図5-7の真ん中）。原始有機物発酵生命の中に、硫化鉱物ごとＡＴＰ生成反応を移植するモノが現れて、自分の有するタンパク質でその反応を促進できるようになったモノがいた。

その原始有機物発酵生命は、アセチルコエンザイムＡのようなチオエステルからＡＴＰを生成するステップは持っていたので、硫化鉱物の原始代謝のいい部分と自分が既に持っていた部分をくっつけることで、それまで有機物がなくなるたびにエネルギー不足のために死に絶えるというデフレスパイラルから抜け出し、初めて有機物以外の無機ガス、この場合水素と二酸化炭素からエネルギーを獲得する方法を手に入れたのだ。

そのエネルギー獲得方法は、有機物発酵と硫化鉱物の原始代謝の協調作業であり、無機物を使った発酵と呼べるもので、「メタン生成」か「酢酸生成」に限定されていた可能性が高い。電子伝達系を使わず、発酵によるＡＴＰ生成の効率から考えると「メタン生成」のほうが効率が良さそうであるのは、図5-7をよーく眺めてどちらがＡＴＰを多く作れるかを数えてみるとわかると思う。その後、金属硫化物自体がタンパク質の中に活性中心として取り込まれていき、タンパク質だけによる代謝系に取って代わられた。

この節の話は、難しかったかもしれない。もう少しじっくり説明すべきだったかと思うが、あまり詳細にわたるとかなりマニアックな話になる恐れがあったため、やや中途半端になってしまったかもしれない。また、あまりクリアなシナリオでもないという部分もある。

というわけで、ある程度強引に結論を出してみよう。進化生化学的な立場から「最古の化学合成エネルギー代謝」を考えてみた場合、（1）水素と二酸化炭素からのメタン生成（水素資化性メタン生成）、（2）水素と二酸化炭素からの酢酸生成（水素資化性酢酸生成）、（3）一酸化炭素からのメタン生成か酢酸生成（一酸化炭素資化性メタン生成＋酢酸生成）の順番で可能性が高いことが推測されるのだ。

40億年前の地質学的条件

最後にもう一つ別の観点から、「最古の化学合成エネルギー代謝」を考えてみたい。環境におけるエネルギー量論的な観点である。これは、理想を言えば、前述の「マッカラム―ショック予想」を40億年前の深海熱水活動域に当てはめればベストなのであるが、現世の深海熱水活動域においてすら、ようやくその応用が可能になったぐらいであり、正確な計算には、各化学成分の濃度がある程度必要なので、現実的にかなり難しい。

正確な濃度を算出するのは難しいとしても、あるかないか、あるいは多いか少ないか、の予想はかなり正確にできると考えられるので、そのような思考実験を行ってみよう。

まず40億年前の深海熱水に含まれる無機化学エネルギー源を考える。

既に何度も述べたように、熱水の化学組成は熱水活動が起きているその場の地質学的な条件で大きく異なる、という原理があるので、それによって予想がつくはずである。

では40億年前の深海熱水活動域の地質学的な条件とはどのようなものであったのか。第2章で述べたように、40億年前には、マントルの分化もある程度進み、海洋地殻や大陸地殻も形成され、またプレートテクトニクスが既に働いていたことが証拠として残っている。それゆえ、大きな枠組みでは、現世の中央海嶺や沈み込み帯のような地質学的プロセスと同じようなプロセスが存在していたことは間違いない。

ということは、40億年前の海洋地殻といえども、おそらく最も普遍的に存在していた地殻構成岩石は玄武岩であることもほぼ間違いない。ただし、現世の地球に比べて、マント

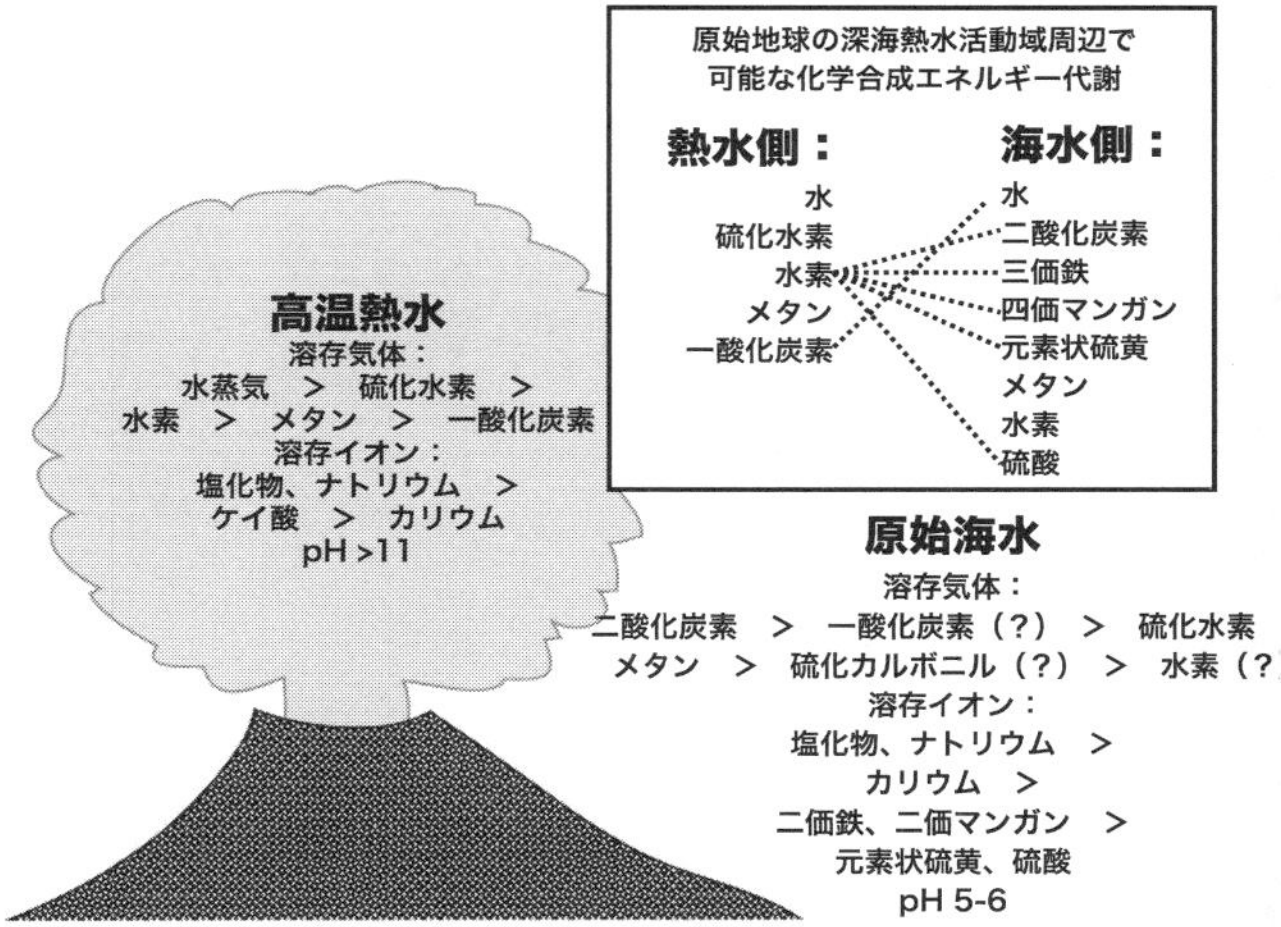

図5-8●原始地球の海水と熱水に含まれる化学成分から見た最古のエネルギー代謝の考察。第3章で説明したように、原始海水や原始熱水の化学成分を正確に推定するのは難しいが、ラフには推測可能である。熱水に含まれる化学成分と原始海水に含まれる化学成分が混じり合う熱水—海水混合領域では四角で囲まれた組み合わせのエネルギー代謝が優占していたと予想される。

ルの温度は高く、地殻は厚く、マグマ生成は活発であったと考えられている。

　そのような地質学的な条件を想定した場合、「現世の深海熱水活動域で言えばだいたいあんな感じか」という熱水活動を思い浮かべることができる。その熱水に含まれる無機化学エネルギー源は、硫化水素＞窒素＞水素＞メタン＞一酸化炭素、という感じになる（図5-8）。大体この順番で、10分の1ぐらいずつ少なくなっていくと予想できる。もちろんもっと少ないものならたくさん列挙できるが、あまり量的に少ない成分は、恒常的なエネルギー代謝には役に立たないはずなので省略する。

現世の深海熱水に比べて「二酸化炭素や鉄がない」という予想である。これについては、第2章でも紹介したが、JAMSTECプレカンブリアンエコシステムラボの渋谷研究員の最新の研究成果である「35億年前の熱水変質岩石の証拠と40億年前の深海熱水の再現理論計算の組み合わせ」の結果、「おそらくない」ということが明らかになったのである。もちろん最初に私が予想した時には、多量に存在すると考えていた。それぐらい渋谷研究員の成果はコペルニクス的転回であったのだが。

あと、一応この組成は、40億年前の原始海洋において最も普遍的に存在していたであろう中央海嶺のような拡大軸での熱水活動を想定しており、特殊な場所で起きる特殊な熱水活動を想定する場合は当然、変わってくる。しかし、熱水の成分パターンを考えることは、「出汁の原理」がわかっていれば比較的簡単である。

次に熱水が噴出する側の原始海水のほうの化学組成である。これは第3章の最後に述べたように、非常に難しいのであるが、たくさんあったと間違いなく言えるのは、二酸化炭素と二価鉄、二価マンガンぐらいか（図5-8）。

もちろんその他のエネルギー代謝に関係しない塩は省いてある。多くはないが間違いなくあったと考えられるのは、元素状硫黄、硫化水素、硫酸、アンモニア（これについては本当はよくわからない）ぐらいであろうか。あと不確定要素は大きいが、一酸化炭素と水素は、少しなら大気から溶け込んでいたかもしれない。

もちろん熱水と同じように、もっと少ないものならたくさん列挙できるが、量的にかけ離れて少ない成分は、やはり恒常的なエネルギー代謝には不向きなのでこちらも省略する。そして、「最古の持続的生命」が繁栄したであろう原始熱水と原始海水の混合域ではどのような化学組成が見られるかを考える。

その原始熱水と原始海水の混合域では、三価鉄や四価マンガン、ポリスルフィド（元素状硫黄とほぼ同じ意味）がかなり存在したと考えられる（図5-8）。

この熱水、混合域、海水に含まれる化学物質の間で、エネルギーを得られる代謝の可能性を探ると、「水素＋二酸化炭素」「元素状硫黄」「水素＋元素状硫黄」「水素＋三価鉄」「水素＋硫酸」ぐらいの組み合わせが主要候補となる。

この組み合わせから言える「最古の化学合成エネルギー代謝」は、「水素資化性メタン生成」（水素＋二酸化炭素）、「水素資化性酢酸生成」（水素＋二酸化炭素）、「硫黄不均化」

（元素状硫黄）、「水素酸化硫黄還元」（水素＋元素状硫黄）、「水素酸化鉄還元」（水素＋三価鉄）、「水素酸化硫酸還元」（水素＋硫酸）の可能性が高いということである。

最古のエネルギー代謝は、水素資化性メタン生成

これまでの異なる科学的立場からの考察をまとめたのが図5-9である。もちろん図5-9に出てくる化学合成エネルギー代謝が、すべて「最古の化学合成エネルギー代謝」であった可能性があり、それを否定できるものではない。しかしながら、一目瞭然なのは、やはり、「最古の化学合成エネルギー代謝」として、「水素資化性メタン生成」が、すべての立場から見て共通しており、最も確率が高そうであるということだ。もちろんただの「水素資化性メタン生成」ではなくて、好熱性、もっと言えば超好熱性水素資化性メタン生成が、最有力であるという私の意見にやみくもには反論できまい。ふっふっふっ。

「40億年前の深海熱水活動域に、宇宙と地球で作られた有機物が濃縮され、数多くの有機物発酵生命が誕生した。しかし、そのほとんどすべてが有機物の枯渇とともに消えてゆく中で、熱水から供給される水素と海水中の二酸化炭素をエネルギー源とするメタン生成エ

	進化系統学的考察	進化生化学的考察	地球化学的考察
最有力エネルギー源	水素	水素 一酸化炭素	水素 一酸化炭素 メタン
最有力酸化剤	二酸化炭素 元素状硫黄	二酸化炭素 水	二酸化炭素 水 三価鉄
最有力エネルギー代謝	水素資化性メタン生成 水素酸化硫黄還元	水素資化性メタン生成 水素酸化酢酸生成	水素資化性メタン生成 水素資化性酢酸生成 水素酸化鉄還元 水素酸化硫黄還元

図5-9●異なる科学分野の観点から見た最古のエネルギー代謝考察のまとめ。いずれの考察にも共通して最有力候補と考えられるのは水素資化性メタン生成であることがわかる。いわゆる「鉄板」と呼ばれる予想である。もちろん「鉄板」が外れることはよくあることであるが。

ネルギー代謝を有した超好熱性の持続的生命が誕生した」ということで、大枠よろしいか。

もちろん、メタン生成エネルギー代謝を有していたとはいえ、初期状態では有機物発酵代謝と協調しており、そのあたりの区分けはごちゃごちゃであったに違いない。しかし一旦、メタン生成エネルギー代謝というエネルギーの安定供給ラインが一つ確保できると、それまでの一発屋生命達が有機物が溜まっているところから動けなかったのに対し、その共同体のような生命はどんどん熱水活動域の水素と二酸化炭素が存在する場所に伝播・分散できるようになる。化学進化による蓄積有機物という鎖から解き放たれ、自由を得たのだ。

絶対的存在量を増やすことで、消滅の可能性を低減し、その代わり、その代謝能をより効率化したり、代謝自体の試行錯誤を繰り返したり、有機物発酵部分だけ切り離してみたり、様々な進化の形を試す余裕を得たに違いない。

基本仕様としては、熱水から得られる化学エネルギーを元に一次生産を行う生命（生産者）とその生命の代謝産物のおこぼれをもらって昔ながらの発酵で生きる生命（消費者）の関係で構成されていたはずだ。消費者の発酵で最終的に出される水素と二酸化炭素は、生産者のエネルギー源として再利用できるというメリットもあったからだ。このような最初のエネルギー革命は、深海の熱水活動さえあれば、その持続的生命が暗黒の世界を無限に広がることを可能にした。実際その当時（40億年前）、深海熱水活動域は、世界の海の至るところにあったはずだ。

このような妄想はとどまるところを知らない。あっという間に光合成の誕生にまで言及しそうになってしまった。

第6章 最古の持続的生命に関する新仮説

最古の持続的生命の生き残りはどこにいる?

前章でぐだぐだと書いてきた内容については、途中の考察の詳細はもちろん最新バージョンに焼き直しており、最初からここまで論理的な考察をしていたわけではないのだが、そのようなことを私は2000年ぐらいにボヤーッとではあるが考えていたのだ。

もしこのような最古の持続的生命の進化のシナリオがあったとするなら、その最古の持続的生命の痕跡は絶対現世の地球にも残っているはずである。

なぜならば、何度も言うように深海熱水活動自体は、40億年前からほぼ変わらない姿で今なお続いているからだ。

確かに、現世の深海熱水活動と太古の深海熱水活動では、その取り巻く環境には極めて大きな違いがあることも事実である。熱水活動を取り囲む海水の組成が大きく変わってしまったからである。

最も重大な異変は、海水中の二酸化炭素が激減し、硫酸が増大し、酸素というやっかいな物質に汚染されるようになったことであろう。海水中の二酸化炭素の激減は、熱水中に二酸化炭素が多く存在するようになったということで相殺されるので、まあ熱水近傍であればそれほど大きな影響はないだろう。硫酸の増大は熱水中には元々硫酸はほとんど含まれないので、これも熱水近傍であればそれほど大きな影響はない。40億年前の最古の持続的生命の痕跡を探す上で、最も問題になるのは新規参入者の酸素の存在である。

酸素のおかげで、地球の生物は大きな進化を遂げることができたのは間違いないが、酸素自体は強力な酸化剤で、毒性の高い物質である。それを使いこなす生物は、ウハウハであるが、使えない生物は、生きていくのにやむを得ない酸素との接触をやり過ごす程度の最低限の防御機構しか持っていないのである。

ましてや、現世の超好熱メタン菌などは、昔の支配者気取りで、全く酸素に対する耐性がなく、少しでも酸素に触れれば即死してしまう。ということは、最古の持続的生命の生き残りがいるとしたら、熱水活動域の中でも全く酸素に侵されない場所しかないのだ。「酸素とうまくつきあえる50の方法」みたいなハウツー本が書けるような生命は、もはや「最古の持続的生命の生き残り」などと名乗るのはおこがましいのである。

海底近辺はかなり危険である。酸素をふんだんに含んだ海水が隙あらば、浸み込んでくるから。もちろん微小な環境なら、酸素がない環境が作れるが、そういうところは酸素を消費する微生物によって酸素除去されているので、酸素使いの微生物の影響が大きくて、最古の持続的生命の生き残りを見つけるには邪魔が多い。

唯一の可能性としては、深海熱水活動域の海底下の熱水が上昇してくる地殻の中ぐらいと考えられた。そのようなところにも微生物の生態系があるのは、我が師匠のワシントン大学海洋学部ジョン・バロスらの研究で明らかになっていたので、そこに行けば最古の持続的生命の生き残りがいるに違いないと考えた。

ジョン・バロスは1977年の深海熱水活動の発見時から、「熱水活動の海底下には広大な微生物の世界が広がっている」ことに気が付いていた。実際そのような記述が、1979年の最初の論文に見られる。その先見の明には驚かされる。

ハイパースライム仮説の発見

私は2000年ぐらいになってようやく、「深海熱水活動域の地殻内の微生物が生息できる温度領域に、熱水から供給される水素や二酸化炭素に依存した最古の持続的生命と同じような化学合成エネルギー代謝に支えられた超好熱性微生物生態系が生き残っているに違いない」という仮説を思い付いたのである（図6-1）。そして、これは英語で表すと、Hyperthermophilic Subseafloor Lithotrophic microbial Ecosystem となり、適当に略す

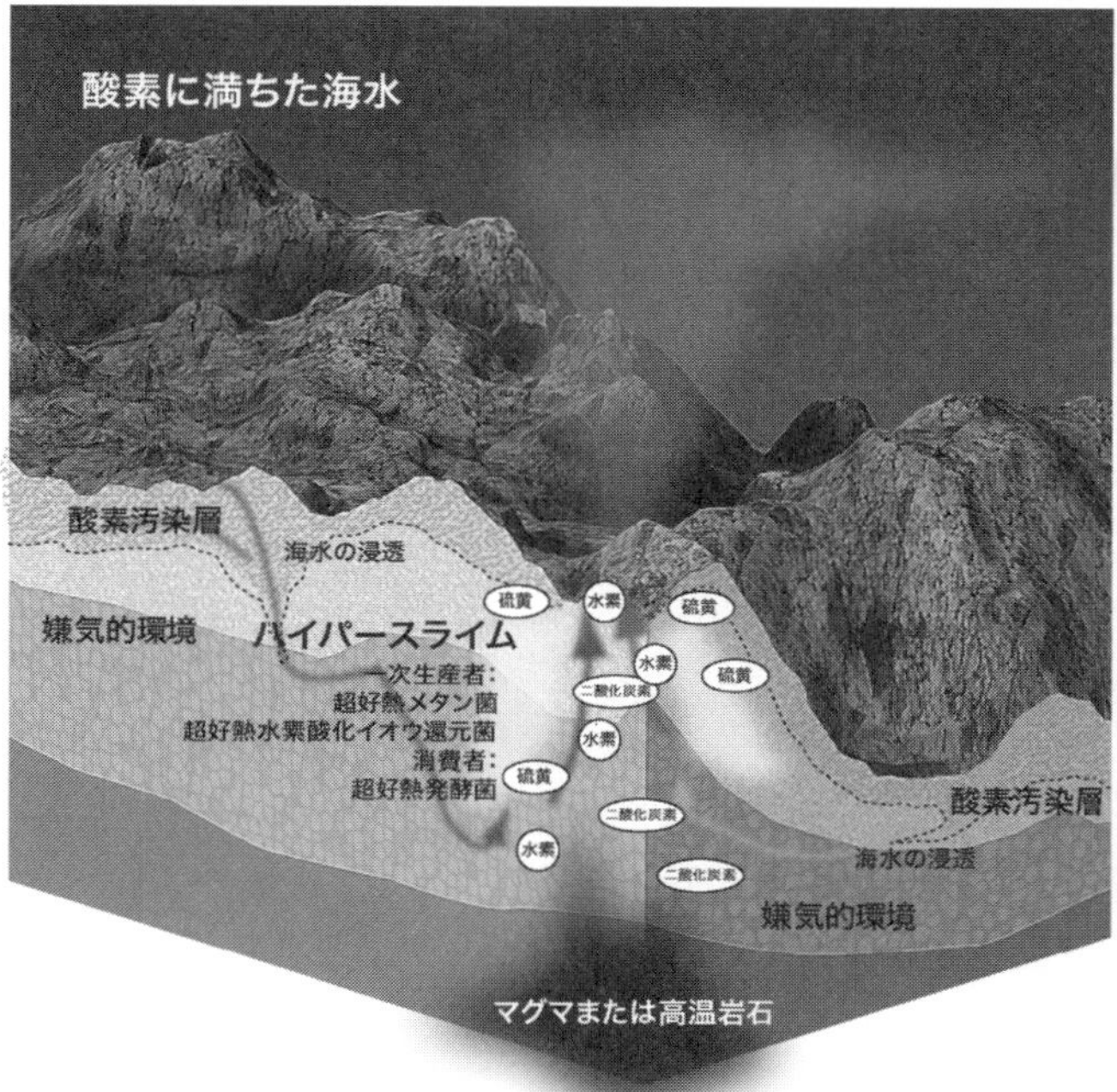

図6-1 ●ハイパースライムの概念図。超好熱メタン菌や水素酸化硫黄還元菌を一次生産者、超好熱発酵菌を消費者とした、「最古の持続的生命システム」と同じような構成を持つ微生物生態系が、今もなお深海熱水活動域の海底下に生き長らえているはずだとする仮説。酸素で汚染された海水や海水が浸透する浅部地殻には、約40億年前と同じような環境は既に存在しない。あるとすれば、酸素が完全に除去される深部熱水循環経路付近であると考えた。図中では熱水の通り道の周辺部分がそれに当たる。

とHyperSLimE：ハイパースライムと呼べるのである。よって、この仮説を「ハイパースライム仮説」と呼んでいる。単に思い付いただけなので、とてもとても論文にできる話ではない。「よっしゃー、そのハイパースライムを見つけて、仮説提唱とその証明を同時に論文にしよう。そうしよう」と考えた。

そうと決まれば、「世界熱水征服計画」進行中の私のことであるから、片っ端から日本近辺の熱水を調べていったのである。

私の採った戦略は、次のようなものである。「熱水の海底下に潜んでいるハイパースライムを直接研究できるチャンス（海底掘削）はチョー限られているので、あんなものを当てにしてたら、誰かにやられてしまう。海底で噴き出す熱水というのは下からいっぱい微生物生態系のカスとか一部を運んできているわけで、それを調べたらええんや。そやけど、低温熱水は、海底では海水と混ざってるから、直接ハイパースライムの証拠にならん。やるなら高温熱水。めちゃくちゃ微生物の兆候は少ないけど、よりハイパースライムに近づけるはずや」ということで、アッツアッツの熱水をきれいに採取してその中の微生物を調べようとした。

しかし実際やってみると、全く何の微生物も検出されない。時々検出されるのは、海水中の微生物で、熱水の採取時にちょっとだけ混じってきた海水に由来する微生物であった。この時私の使っていた方法は、微生物のDNAを直接調べるという方法だったが、とにかく空振りが続いていた。

次に、熱水をきれいに採るのは難しく、その量も限られているので、新開発の現場濃縮装置というものを使った。たとえ300℃を超える熱水に露出していてもチムニーの内壁には微生物がいるのはわかっていた。実際、多くの微生物は固体の表面があるとそれに付着しようとするものなのである。とりあえず生きていようが死んでいようが、どんどん付着させることによって、熱水よりは濃縮されるはずだと考え、軽石をいっぱいつめたステンレスの筒を熱水の噴出口に沈めて、1週間ぐらい放置した上で回収するのである。

この方法は確かにうまくいった。微生物が確かに濃縮されるのである。しかも300℃以上の高温に触れていたはずなのに生きている微生物も回収できたのである。「こりゃええわ」と喜んだのもつかの間、濃縮された微生物を調べても、水素や二酸化炭素に依存した化学合成エネルギー代謝に支えられた超好熱性微生物生態系の姿形も見えなかった。

私が期待していたのは、水素や二酸化炭素でメタン生成する超好熱メタン菌のような化学合成超好熱菌がワサワサいて、一次生産者となっており、そのおこぼれをいただく超好熱発酵菌が消費者になっているような微生物の組成が見つかることであった。調べてみた日本近辺の熱水活動域は、見事なまでに全滅であった。まあ、それとは別の観点で行っていた熱水微生物生態学研究に関しては着々と進んでいたので、それほど気にしていなかったが。

超好熱メタン菌は、「かいれいフィールド」にいた

そうこうしているうちに、第1章に戻るのである。

私がインド洋の「かいれいフィールド」に調査に行ったのは、最初のアメリカチームの論文が発表された直後、2002年のことだった。既に書いたように、先行する研究に対して何ができるか全くわからなかったが、微生物の研究は全然進んでいなかったし、当時自分の研究アプローチは世界最先端だとイキがっていたし、とりあえず、ハイパースライムも探してみようと思っていたのだ。

実際、インド洋の「かいれいフィールド」でも、日本近辺の深海熱水活動域でやっていたのと同じ方法論でやってみたのである。違う結果が出るとわかったのは船上でのことである。

いつものように回収してきた現場濃縮装置の軽石（インド洋での濃縮装置は360℃という高温に晒されていたので、もはや粘土のようになっていた）を、超好熱メタン菌用の培地に接種し、85℃ぐらいで培養しておいた。風呂に入って寝る前に実験室に行って見てみるとたった3時間ぐらいしか経ってないのに、真っ白に濁っていたのだ。

「えっ何？　俺なんか変なことしたかな？」と思ったが、全部の試験管がそうなっていたのだ。つまり、「かいれいフィールド」の高温熱水に沈めた現場濃縮装置には、「アンビリーバブルな量の生きた超好熱メタン菌」がひっついていたのだ。思わず、踊っちゃいましたよ。

結局、航海終了後、日本に戻ってからの綿密な研究により、次のようなことが明らかになった。

（1）「かいれいフィールド」のいくつかの高温熱水に沈めた現場濃縮装置には、超好熱メタン菌が75％ぐらい、超好熱発酵菌が25％ぐらいの割合で濃縮されていた（海底下にこの比率の微生物生態系が存在する）。

（2）しかもそれは360℃の熱水に晒されていたにもかかわらず、生きている菌の割合が高かった（かなり活発な生態系が存在し、その密度も濃い）。

（3）「かいれいフィールド」のいくつかの高温熱水に含まれるメタンの炭素同位体比の結果から、海底下で水素と二酸化炭素からメタンが生成されている証拠が得られた。

以上の結果は、間違いなくインド洋の「かいれいフィールド」の海底下に、私が予想していたとおりのハイパースライムが、つまり地球最古の持続的生命の生き残り（生態系の成り立ちが同じという意味）が、存在していることを意味していた。ハイパースライム仮説提唱とその発見を一つの論文にまとめ、（なかなか紆余曲折があり実際はものすごく時間がかかったが）２００４年に報告した。

ハイパースライムはどこにいる？

実は、ハイパースライム仮説とその実証の論文を書いているうちに、一つ大きな疑問が湧いてきたのである。

確かにインド洋の「かいれいフィールド」には、想像どおりのハイパースライムが存在することがわかったのであるが、じゃあなぜ今まで、日本近辺の深海熱水活動域では、ハイパースライムが見つからなかったのかという疑問である。

見つからなかったのは、方法が悪いのではなくて、明らかにハイパースライムがいなかったのである。あるいは「うすうす」だったのである。最初ハイパースライム仮説を思い付いた時、私は「すべての」深海熱水活動域で見つかるはずだ、と思ったのだ。しかし、現実には、インド洋の「かいれいフィールド」には存在し、日本近辺の深海熱水活動域には存在しなかったのだ。実はそのころ、私はまだ、「ただのちょっといい気になってる微生物研究者」でしかなかったのだ。熱水活動の多様性と微生物生態系の多様性の間にある一般原理に気付いていなかったのだ。

このインド洋の「かいれいフィールド」でのハイパースライムの発見により、その研究は加速されるのであるが、その時はまだその開花寸前状態であった。とにかく、何かが違うせいで、ハイパースライムが形成されたり、形成されなかったりするということはわかった。それを知るために、インド洋の「かいれいフィールド」と日本近辺の深海熱水活動域の熱水化学組成を比較しているあいだに、極めて大きな違いがあることに気がついたのである。熱水に含まれる水素の濃度だった。

インド洋の「かいれいフィールド」の熱水には、水素が3mM以上という高濃度で存在していた。一方、それまで私が研究していた日本近辺の深海熱水活動域の熱水では、多くて0・1mMぐらい、低いところでは0・01mMぐらいの濃度だったのだ。

その他の化学成分についても、多少そのような差は見られたが、やはり、水素の濃度というものが一番大きな違いであった。そのあまりのはっきりした違いを見れば、私でなくても「あぁ、水素が濃くないとハイパースライムというのは存在しないのね」とわかるだろう。

今ならその理由として、「微生物生態系や細胞を維持するのに最低限のエネルギー量というものがあり、おそらく水素濃度がある程度以上にならないと、水素を使った化学合成エネルギー代謝で得られるエネルギーがその閾値を超えることがないから、ハイパースライムが存在できる最低水素濃度というものがあるのだ」とはっきり理論説明できる。

しかし、その当時の私は、それを世界で最初に「観察・体験」した人間だったのだ。そんなに格好良く理解できるはずがない。とにかく、「ハイパースライムが形成されるには高濃度の水素が必要」ということだけがはっきりくっきりとわかった。そして世紀の発見だと有頂天になったのだ。

水も漏らさぬ美しい仮説

有頂天になったついでに、世界各地の深海熱水活動についても調べてみた。

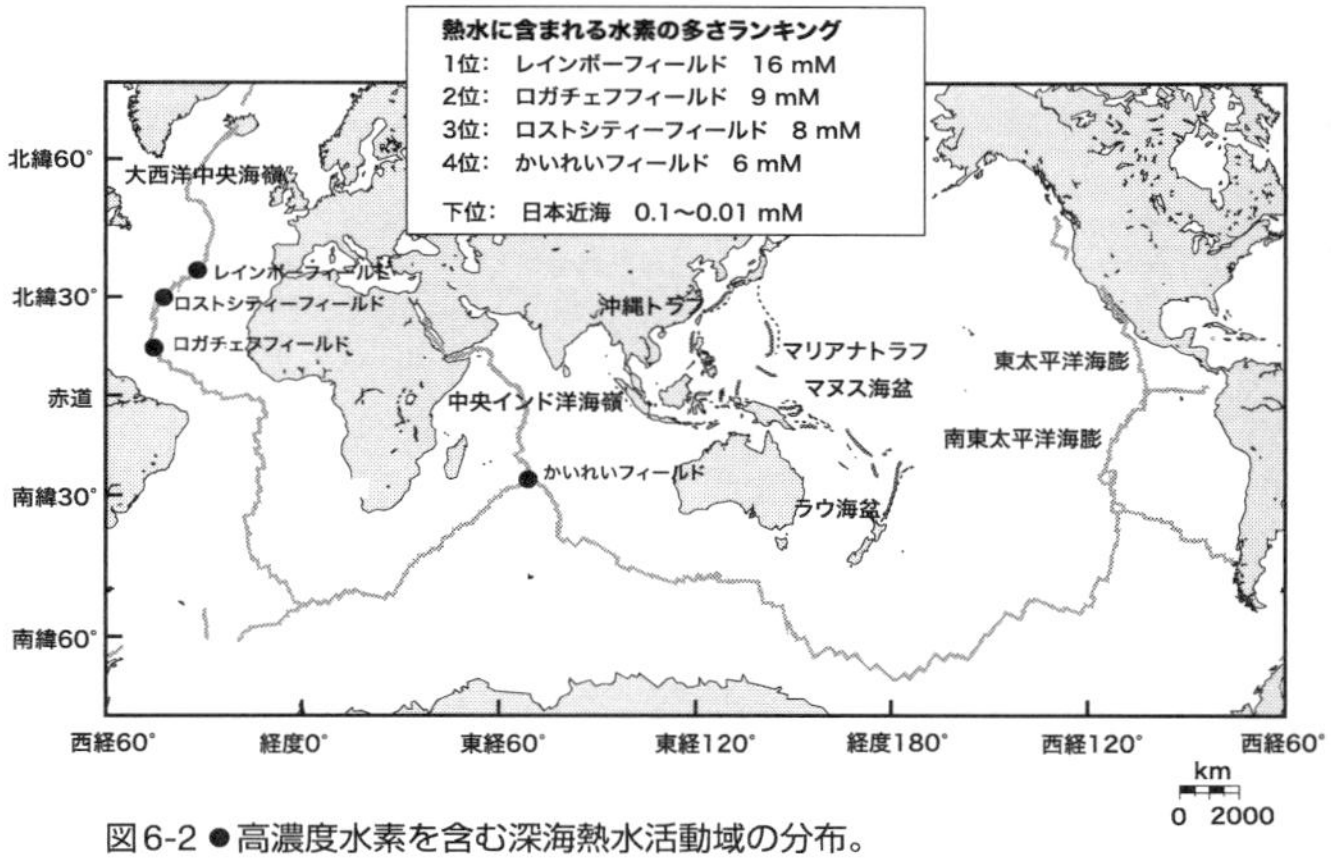

熱水に含まれる水素の多さランキング
1位: レインボーフィールド 16 mM
2位: ロガチェフフィールド 9 mM
3位: ロストシティーフィールド 8 mM
4位: かいれいフィールド 6 mM
下位: 日本近海 0.1〜0.01 mM

図6-2●高濃度水素を含む深海熱水活動域の分布。

どうやらインド洋の「かいれいフィールド」に匹敵する水素濃度を誇る熱水活動域というものは極めて限られていて、大西洋中央海嶺にある「レインボーフィールド」「ロガチェフフィールド」、そして「ロストシティーフィールド」と呼ばれるものぐらいしかないことに気がついた（図6-2）。

これらの大西洋中央海嶺近辺の熱水活動域は、東太平洋海膨のような典型的な高速拡大軸での熱水活動域とは、地質学的条件が大きく異なる。高速拡大する中央海嶺が、マグマ活動（生成）と密接に関連し、マントルから分化したマグマがどんどん供給されて海洋地殻を押し広げていくイメージであるのに対し、低速拡大海嶺では、両側のプレートが引っ張られて地殻が裂けていき、開いた空間を少量のマグマが埋めるか、あるいは上部マントルや深部海洋地殻がそのまま剝離断層と呼ばれる大きな断層に沿ってペロンとドーム状に盛り上がってくるというプロセスが多くなっていると考えられている。

このようなプロセスの違いが、熱水を作り出す岩石の種類と熱水を作る時間と規模に、劇的な変化をもたらすのである。先ほどの高濃度の水素を含む熱水活動域「レインボーフィールド」「ロガチェフフィールド」そして「ロストシティーフィールド」はすべて、上部マントルの超マフィック岩（かんらん岩と呼ばれる）が海底近くまで露出してきた超低速拡大軸に特有の場に起きる特殊熱水活動だったのだ。

しかも重要なことに、これらの熱水活動域において、高濃度の水素が存在する理由が、かなり明確に説明されていたのだ。そのロジックというのは次のようなものである。

（1）超マフィック岩というのはマフィック鉱物と呼ばれるかんらん石や輝石をチョーたくさん含む岩石である。

（2）基本的には上部マントルを構成する岩石である。

（3）かんらん石は水と反応すると、蛇紋石という鉱物に変質するが、それと同時に水素と磁鉄鉱という鉱物も生成する。

(4)ゆえに超マフィック岩が存在するところで起きる熱水活動には水素が多いのである。

このロジックにも感動した！ すでに「ハイパースライムが形成されるには高濃度の水素が必要」とわかっていた私に、二段ロジックが完成してしまった。「ハイパースライムには高濃度の水素と熱水活動が必要」→「高濃度の水素には超マフィック岩と熱水活動が必要」。

そして、この二段ロジックが本当に正しいとするなら、ハイパースライム自体が「熱水から供給される水素や二酸化炭素に依存した最古の持続的生命と同じような化学合成エネルギー代謝に支えられた超好熱性微生物生態系の生き残り」というロジックが前提にあったわけで、「最古の持続的生命が誕生、繁栄した場とその成り立ち」に関する三段ロジックが完成するのである。つまり、

(1)現世の地球に生き残ったハイパースライムは、「最古の持続的生命」とエネルギー代謝の協調存在様式が同じであり、その生態系の形成と維持に必要なエネルギー量自体に大きな差はないと思われる。もちろん現世のシステムのほうが、代謝経路が複雑になり、その代謝にかかるエネルギーコストは大きくなっているはずであるが、同時にエネルギーロスを低減する効率、エネルギー生成効率も「最古の持続的生命」に比べれば格段に良く

なっているはずであり、相殺している可能性が高い。
（2）ハイパースライムと「最古の持続的生命」が必要とするエネルギー量がほぼ同じであれば、ハイパースライムが必要とする高濃度水素と熱水活動の条件は、そのまま「最古の持続的生命」にも当てはめることができるはずである。
（3）ハイパースライムが、超マフィック岩と熱水活動という条件を必須にするなら、「最古の持続的生命」にとってもその条件は必須である。
これほど水も漏らさぬ美しいロジックがあるだろうか？　いやない。そう私は感じた。「この地球を支配した」と勘違いしたとして、誰が文句を言えるだろうか？　いや言えない。

そのロジックを言葉にして並べてみた。

Ultramafics（超マフィック岩）⇕ Hydrothermalisms（熱水活動）⇕ Hydrogenogenesis（水素生成）⇕ HyperSLimE（ハイパースライム）が互いに結び付き(linkage) 合っているのだ。最初のウルトラ以外は全部頭文字がHなので、UltraH^3 Linkage 仮説と名付けた。

H^{3}としたのは、のちにこの仮説をまとめる時に集まった特別編成チームの研究者全員が、

「小泉今日子」を「キョン[2]」と表す教育を受けた年代だったことに起因する。とにかくカタカナで書くと、「ウルトラエッチキューブリンケージ」と呼ばれる仮説の原型が生まれた瞬間であった。

ウルトラエッチキューブリンケージ仮説の欠落点

この仮説を思い付いた直後は、暴走する頭の中で考えたものなので、随所に欠落があった。

一つ、インド洋の「かいれいフィールド」の高濃度水素を含む熱水活動に超マフィック岩が関与している保証が全くなかったこと。二つ、大西洋中央海嶺近辺の高濃度水素を含む熱水活動域に、ハイパースライムが存在するかどうかわからなかったこと。三つ、40億年前の地球に、超マフィック岩が関与する熱水活動があったどうか知らなかったこと。

逆に言えば、この三つが克服できれば、「ウルトラエッチキューブリンケージ仮説」はほぼ間違いないだろうと言えるはずだと思ったわけである。しかし、自分だけではとてもこれに立ち向かえない。私は何かに取り憑かれたように、会う人会う人に自説を説きまくって洗脳しようとした。

最初のきっかけは、東京大学大気海洋研究所の沖野郷子准教授が、ＪＡＭＳＴＥＣに来た時に訪れた。実は２００２年のインド洋の「かいれいフィールド」の調査に同乗していた沖野准教授の学生さんから修士論文が送られてきて、それを読んでいるうちにインド洋の「かいれいフィールド」の付近に超マフィック岩が存在している可能性がないわけではないと思ったのだ。

ちなみに、第１章で紹介した２０００年のアメリカ軍団によるインド洋の「かいれいフィールド」調査において、「かいれいフィールドは水素がとても多いけど、玄武岩に支えられた熱水なの！　理由はわからないけど、それが何か？」という結論が、スーザン・ハンフリーという女性研究者によって報告されていた。

沖野准教授に、「かいれいフィールドの周りに超マフィック岩が露出しているってことはありませんかね」と尋ねたところ、可愛らしい顔がキラーンと光ったのだ。

沖野「ないわけではない、いやむしろ可能性は高い」

高井「水素濃度が高いということは超マフィック岩以外では説明がつかないので、絶対ありますよ。行きましょう。見つけてください」（実は現在では、この例外がバシバシ見つかっているので、このセリフは明らかに詐欺である）。

沖野「まあ、そこまで言うのなら、世界不思議ハンターならぬウルトラハンター（専門家は超マフィック岩のことを略してウルトラと呼ぶ）のワタクシが行ってあげてもいいわよ」

というふうに話が進んだ。

一方で、JAMSTECの中でも、私の与太話に興味を抱いてくれた研究者がいた。現在、JAMSTECプレカンブリアンエコシステムラボにも属する熊谷英憲氏と鈴木勝彦氏、そして当時、日本学術振興会ポスドク予定者だった中村謙太郎氏だった。

この人達との出会いが、まさしく、現在のJAMSTECプレカンブリアンエコシステムラボという研究グループの始まりだったのだ。

太古の超マフィック岩コマチアイト

沖野准教授の超マフィック岩探しの話と40億年前の超マフィック岩が関与する熱水活動についてJAMSTECの研究者達に聞いてみた。どちらも可能性があるという話であった。特に、40億年ぐらい前の海洋地殻にかんらん岩が露出していた可能性はほぼ皆無に等しいが、別の超マフィック岩がワンサカあったはずだというのである。

私にとって、それがコマチアイトという岩石との遭遇だった。しかもそのコマチアイトは、太古代の中期までは頻繁に地表に現れていたにもかかわらず、マントルの温度が低下するにつれ姿を消し始め、先カンブリア紀が終わると一切姿を見せなくなった太古の超マフィック岩である。

なんと甘美な響き、太古の超マフィック岩コマチアイト。まるで、地球生命の支配者の座からどんどん滑り落ちていった超好熱メタン菌の歴史と見事に重なるではないか。これで、インド洋「かいれいフィールド」の高濃度水素を含む熱水活動に超マフィック岩が関与している可能性と、40億年前の地球に超マフィック岩が関与する熱水活動が普遍的に存在した可能性が見えてきた。

さらに、幸運が舞い込んできた。2005年にフランスの深海調査船と無人探査機を使って、大西洋中央海嶺のかんらん岩に支えられた熱水活動域、「レインボーフィールド」と「ロストシティーフィールド」の微生物生態系調査を行うことができたのである。この調査で得られたサンプルを用いて、高濃度水素を含むかんらん岩に支えられた「レインボーフィールド」の海底下にも、インド洋「かいれいフィールド」に存在していたハイパースライムと極めてよく似た微生物生態系が存在する可能性が見えてきた。また一方、「ロストシティーフィールド」の海底下には、「かいれいフィールド」や「レインボーフィールド」のようなハイパースライムが存在できないということもわかってきた。

マグマ生成が必要のない熱水活動

「ウルトラエッチキューブリンケージ仮説」が正しそうだと確信できるようになったころ、アメリカの熱水地球化学研究者達や我が師ジョン・バロス達は、「ロストシティーフィールド」に注目して研究を行っていた。

「ロストシティーフィールド」は、かんらん岩の塊の上に存在する熱水活動域である。かんらん岩の割れ目に沿って浸み込んだ海水がかんらん石と反応し、蛇紋石化する。その反応は、水素を生成するとともに、その発熱反応によって熱水を作り出す。つまりマグマ生成が必要のない熱水活動であり、極論すれば、熱源を作り出せないような内部エネルギーが乏しい惑星（例えば火星）においても、水とかんらん岩のような超マフィック岩があれば熱水活動が起きる可能性を示した。

彼らは、この「ロストシティーフィールド」の発見に絡めて、「ロストシティーフィールド」のような熱水活動域こそ「生命の起源の場」であり、「最古の生態系が繁栄した場」、かつ「今なお地球外惑星で生命が繁栄している場」である、と主張し始めた。

本書をここまで読み進めた読者であれば、その根拠を知りたくなると容易に想像できる。彼らは次のようにロジックを展開した。

(1)「ロストシティーフィールド」には水素が高濃度にあり、エネルギー源がたくさんあるために「水素に依存した微生物生態系」が形成される。
(2)その生態系は、原始地球に繁栄した初期生態系のアナログ(よく似たもの)である。
(3)なぜなら、原始地球にはコマチアイトがいっぱいあったから、コマチアイトによって起きる「ロストシティーフィールド」がいっぱいあったはず。
(4)太古の火星や現在のエウロパでは、確かにマグマ生成が地球ほど活発でなかった可能性があり、そういう惑星や衛星においても、水と超マフィック岩(火星にはあることが既にわかっている)があれば、「ロストシティーフィールド」のような熱水活動が形成され、「水素に依存した微生物生態系」が形成・存続できるはず。

ちなみにこれは、かなり私が、好意的にわかりやすく書き直したロジックである。これを読むと、確かに「そんなに悪くない」と思えるだろう。私も今なら、そんなに悪くないと思うし、むしろ確かにそうかもしれんと思う。しかし2005年の段階では、そう主張する彼らは、(1)の部分の「水素に依存した微生物生態系」形成の証拠を全く示していなかったのだ。今なおその証拠は示されていないが。

つまり、このロジックは、完全なる頭の中のストーリーであったのだ。にもかかわらず、「ロストシティーフィールド」の発見という成果(確かに発見自体はすごい成果であったことは間違いない)のインパクトにまかせて、そのロジックを研究費獲得の「金ヅル」として、アメリカ中で、世界中で、さもありなんと吹聴しまくっていたのである。

ウルトラエッチキューブリンケージ仮説の提唱

我々、JAMSTEC特別編成チームは、そのアメリカロストシティーグループのロジックが我々のロジックとよく似ていることに危機感を抱いた。

しかも、細部を詰めることなく、「勢いにまかせて」「情緒的に」そのロジックを喧伝しようとする暴走を止めるために、「ウルトラエッチキューブリンケージ仮説」の提唱論文を書くことにした。これまでの思考と現場の熱水活動域の微生物生態系の存在様式の事実に基づいた仮説提唱は、実証という部分では不完全ではあったが、アメリカロストシティーグループの実際の観察結果を顧みていない大味な(まさしくアメリカンな)ロジックには勝てると思ったからである。

そしてこれまた悪戦苦闘の末に2006年、その仮説論文はなんとか発表された。また論文発表のみならず、アメリカの学会でも、アメリカロストシティーグループの集いのようなセッションを狙って、「ロストシティーフィールド」より「かいれいフィールド」や「レインボーフィールド」のほうが「最古の持続的生命が繁栄した場」として全然ふさわしいという挑発的発表を行った。

ある意味、アメリカンプロレスをイメージして、「悪玉」の日本人が「大口を叩いて」、マジソンスクウェアガーデンにやってきて、「善玉」アメリカ人にボコボコに袋だたきにされるというストーリーを期待していたが、アメリカロストシティーグループの研究者達は、期待に反して、「ムシーン」と一様に無反応を装っていた。多分、はらわたが煮えくりかえっていたと思うのだが、一生懸命、挑発に乗らないようにしていたように思える。「嫌なことする奴やなぁ」というのは、自分でも百も承知だ。しかしこれぐらいのことをしないと、なめられますからね。一旦なめられると、その先入観を覆すのは大変ですからね。これで、私も多くのアメリカ人に忌み嫌われる一カール・シュテッターのお仲間入り」はできたかもしれない。望むところ。このような宣伝活動のおかげで、「ウルトラエッチキューブリンケージ仮説」自体は、アメリカロストシティーグループも含めて、関係する研究者には大分認識されるようになった。

ウルトラエッチキューブリンケージ仮説の検証

「ウルトラエッチキューブリンケージ仮説」提唱は、あくまで提唱でしかなかったわけで、その後リンケージが実在することを例証する必要があった。

まず、インド洋「かいれいフィールド」の高濃度水素を含む熱水活動に超マフィック岩が関与していることを実証するために、2006年に、JAMSTEC特別編成チームと沖野准教授、その他の日本のウルトラハンター達を巻き込んで、インド洋「かいれいフィールド」近辺での超マフィック岩探しの調査航海が行われた。これも「よこすか」「しんかい6500」のコンビネーションで行われた。

この研究調査航海において、見事研究チームは、当初目星をつけていた「海洋コアコンプレックス」と呼ばれる構造に、マントルかんらん岩を発見した。さらに、研究チームは、より「かいれいフィールド」に近い場所に、トロクトライトと呼ばれる、マントルかんらん岩よりは玄武岩に近いのだが超マフィック岩の一種である岩石からなる「ウラニワ海丘」を発見した。

これはまさしくウルトラハンター沖野准教授の嗅覚の賜であった。そして、JAMSTECプレカンブリアンエコシステムラボの中村謙太郎氏の熱力学的シミュレーションにより、このトロクトライトが、インド洋「かいれいフィールド」の高濃度水素を含む熱水の「出汁の素」になっていることが明らかにされた。これでインド洋「かいれいフィールド」において「ウルトラエッチキューブリンケージ」が実在することが証明されたわけである。

しかも、このトロクトライトという岩石は、マントルかんらん岩より、あの太古の超マフィック岩コマチアイトに近い成分を有している。それゆえ、インド洋「かいれいフィールド」は、世界に多く存在する超マフィック岩が関与する熱水活動の中でも、40億年前のコマチアイト型深海熱水活動に最も近いモデルであると考えられた。やったね。

一方、「コマチアイトこそ最古の持続的生命を支えた命の石なんじゃあぁぁ」という叫びは、我々とアメリカロストシティーグループ、あるいはラッセル軍団などが声高に主張するようになった。確かに、コマチアイトに含まれるかんらん石や輝石の量から考えると、コマチアイトが熱水反応すれば、水素をバシバシ生成することは、頭の中では理解できることである。

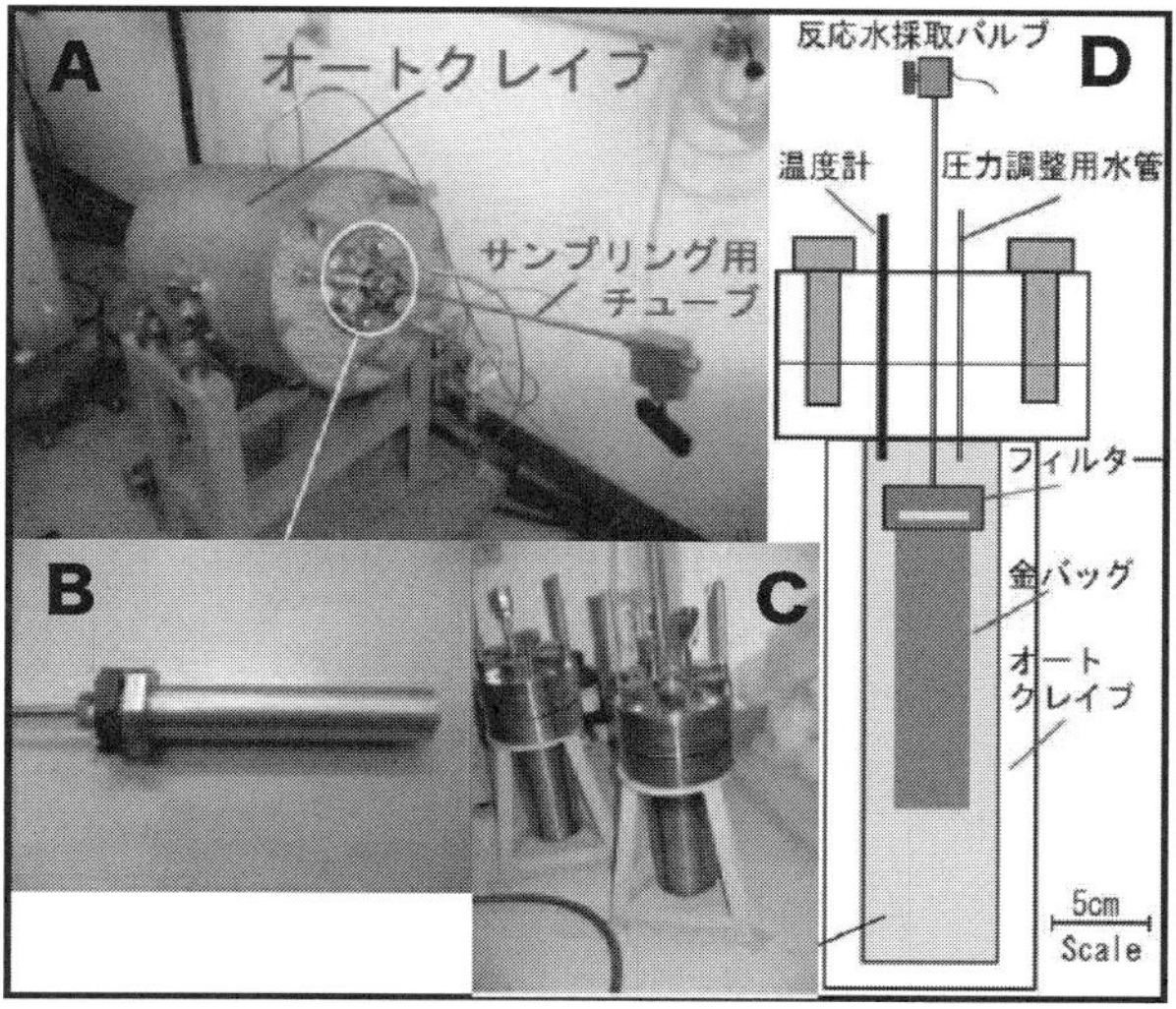

図6-3 ● JAMSTECプレカンブリアンエコシステムラボで開発された高温高圧熱水実験装置。Aはヒーティングブロック（釜）。釜の中にはCのような容器が収まっている。Cの容器の構成はDに示されている。高温高圧の水を密閉する容器である。水の中にはBのような金の反応バッグが入れてあり、金バッグの中で岩石や鉱物と海水が煮込まれ、熱水が作られるという仕組みである。

しかし、マントルかんらん岩が熱水反応によって高濃度水素を生成するという現象が、実験的に証明されたものであるのに対して、コマチアイトから水素が発生するメカニズムについては、実験的な証明はなかった。

つまり、「コマチアイトこそ最古の持続的生命を支えた命の石なんじゃあぁぁ」と言いたいのなら、「目の前で、コマチアイトの熱水反応で大量の水素を作ってみよ」というのが道理であろう。

我々JAMSTECプレカンブリアンエコシステムラボでは、鈴木勝彦氏を中心に、そのために着々と実験システムを作ってきたのだ。その実験システムとは名付けて、「お家で深海熱水が作れるよ、マシーン」というもので、最高温度500℃、最高圧力500気圧で「出汁がとれる圧力鍋」である(図6-3)。現在5号機まで稼働しており、東京工業大学大学院理工学研究科丸山茂徳教授の研究室の大学院生吉崎もと子さんが、せっせといろいろな岩石から「出汁」をとって研究を進めている。

そして鈴木氏や吉崎さんの2年近くの苦闘の末に、ようやく、太古の超マフィック岩コマチアイトを煮込むと、尋常ならざる濃度の水素が生成される事実が明らかとなった。この結果により、40億年前の海底に、「ウルトラエッチキューブリンケージ」が存在したというシナリオに実験的な裏付けを持たせることができた。

最終章　To be continued

現時点で紹介できる研究成果はここまでである。

最後に本書に与えられたお題、「生命はどのようにして誕生したか」に対する、私及び我々の研究グループの答えをもう一度まとめておこう。

40億年前のまだ混沌とした地球の原始海洋と海洋地殻に、宇宙空間と宇宙―地球の相互作用（隕石爆撃）で作られた生命の誕生と持続のために必要な無機・有機物が濃縮されていった。当時、海底の至るところに、高温や比較的低温の熱水活動域が存在していた。その多くは、高温かつ激しいマントル対流が引き起こす地殻をビリビリに切り裂くプレートテクトニクスの拡大軸で起きるものであった。また一方、その当時の熱水活動の多くは、拡大軸に沿った場所や小さなプレートの中を突き破って出現するマントルホットプルームに由来する大量のコマチアイトマグマの影響を受けたものであった（新仮説）。

熱水活動がどのようなものであったにせよ、熱水活動自体は無機・有機物を濃縮し、数多くの有機物発酵生命が誕生する場となった。しかし、無数に誕生する有機物発酵生命のほとんどすべては、熱水活動域での硫化鉱物の持つ高い化学反応性や触媒活性を取り込む進化を遂げたり、互いに「混じり合い」「補完し合い」「奪い合い」を繰り返し多様性を増大させたりしたが、有機物供給が枯渇するにつれ、最終的な生命活動の持続に必要なエネルギーを確保することができずに消え去っていった。

当時の海底熱水では優占的であった、コマチアイト熱水活動域の熱水には、他の熱水にはない特徴があった。熱水に含まれる水素の濃度が群を抜いて高かった。このようなコマチアイト熱水活動域に誕生した無数の有機物発酵生命の中から、熱水から供給される高濃度の水素と海水中の二酸化炭素をエネルギー源として原始的なメタン生成やその他の水素エネルギー代謝能を持った「最古の持続的生命」が生まれた。

コマチアイト熱水中の高濃度水素のおかげで、有機物発酵と同等の、あるいはそれ以上の安定的なエネルギー確保が可能となったため、有機物供給の枯渇後も、危なっかしくも生命活動を持続させることが可能となった。その持続的生命共同体は、原始海洋底の至るところにあった、コマチアイト熱水活動域に伝播・分散していった。その持続的生命共同体は、無生命だった原始地球の全海洋底に瞬く間に広がり、絶対的存在量と生息空間多様性を増大させることで、消滅の可能性を激減させ、次の爆発的進化の序章となった。

くぅぅ。いいねぇいいねぇ。しかし、このストーリーにも新たなる刺客が現れる。

一つは、既に述べたラッセル軍団である。以前から、ラッセル軍団は、40億年前の比較的低温の熱水活動こそ、「最古の持続的生命」誕生の場であると主張していた。

これは現在の地球で言えば、海嶺翼部と呼ばれるところで起きる低温熱水活動を想定していた。私には、ラッセル自身は、実は、あまり熱水活動のことを知らないんじゃないかという疑惑があった。

その理由は、彼が、「最古の持続的生命誕生の場は、海嶺翼部の150℃ぐらいのアルカリ性熱水の硫化金属チムニー」という、たわけた主張を繰り返してきたからだ。海嶺翼部の熱水というのは、海水に地殻の熱のみが伝わる熱水循環で、低温のためほとんど岩石と相互作用を起こさない。それゆえ、これまでのところ海嶺翼部の熱水活動域で、硫化金属が析出するようなところは見つかった例がないのである。そう思ってある意味安心していたら、最近、ラッセル軍団はついにアメリカロストシティーグループと手を組んで、「最古の持続的生命誕生の場は、ロストシティーのような150℃ぐらいのアルカリ性熱水の炭酸塩チムニー」というようにシナリオを変えてきたのだ。

これはなかなか強力なタッグチームである。ラッセル軍団は熱水についてあまり詳しくないが、冥王代・太古代地球や生化学進化には詳しい。アメリカロストシティーグループは熱水についての専門家集団であるが、冥王代・太古代地球や生化学進化には詳しくなかった。ライバルが強力になって、今後の研究にも力が入るというものよ。

また新たなる刺客というのは、外から現れるだけではない。内なる刺客がいるのだ。

先ほどのまとめの中に、新仮説という註釈がついていたと思う。あれは内なる刺客、つまり私自身が新たに思い付いた仮説なのだ。それは、「最古の持続的生命」が生まれた熱水活動って、本当に超マフィック岩が必要か？　という身も蓋もない話である。

ここまで引っ張っておいて今さら！　ということだが、まだ新仮説が正しいわけではなく、自分の中で、二つの仮説を競わせている段階である。

「ウルトラエッチキューブリンケージ」の鍵となるのは高濃度水素の存在なのであるが、この高濃度水素を作り出すメカニズムはいくつか可能性がある。その中でも40億年前の地球で、コマチアイトの存在以上に普遍的なものがあれば、必ずしも超マフィック岩が必要ではないというロジックができる。

これについては、2009年のインド洋熱水活動域の新しい調査航海で、重要な成果が得られつつある。またJAMSTEC高知コア研究所の廣瀬丈洋氏らが創り上げた「お家で地震を作るマシーン」を使って、JAMSTECプレカンブリアンエコシステムラボの鈴木勝彦氏らが高濃度水素生成メカニズムの再現実験を行っている。しばらくしたら、その新たな刺客との勝負も明らかになるだろう。

最後に我々JAMSTECプレカンブリアンエコシステムラボでは、この「ウルトラエッチキューブリンケージ仮説」が解き明かす「最古の持続的生命の誕生と初期進化」だけでなく、「いつどのように多様な化学合成エネルギー代謝が生まれていったのか」や「いつどのように光合成エネルギー代謝が生まれていったのか」「いつどのように酸素が蓄積するようになったのか」「原始地球に最初に誕生した処女海水はどのようなもので、それがどういう過程で現在の海水になっていったのか」「宇宙に生命がいるとしたらどのようなリンケージが必要か」といったことを研究している。

特に、40億年前から約6億年前までの先カンブリア紀に起きた「地球と生命の渾然一体となった進化過程」——これを我々は先カンブリア大爆発と呼んでいる——を、一つ一つのスナップショットとして見るのではなく、あたかも映画のように流れるストーリーとして、解き明かしていきたいと意気込んでいるのだ。

さあ、これで本当におしまいである。現在進行形の「生命はこの地球のどこでどのように誕生したか」の研究は楽しめただろうか？　いつかまた近い未来に今後の展開と「持続的生命の始まり」以後の話について紹介できたらいいなと思います。

あとがき

「なにものか（somebody）になりたい」。やみくもにそう思っていた21歳の春に出会った「生命の起源を解き明かすかもしれない研究対象だよ」という指導教官（現京都大学大学院農学研究科左子芳彦教授）の言葉。

その甘美な響きに惹きつけられて（騙されて）始まった研究生活だった。

そして、日本の温泉や浅海底熱水噴出域に生息するヘンな微生物達の驚くような生理や生態に魅せられて、「もっと過酷なところに生きる微生物」を追いかけて深海や地下や海底下、そして宇宙にまで対象を広げ、脇目もふらず興味の赴くまま20年近く走り続けてきた。

その研究の根底には、常に「生命の起源」を解き明かしたいという、研究者人生を歩み始めた時の無垢の思いが、その熱を失わないまま、自分の胸の奥に確かに存在していた。

最近日本では、「理科離れ」という現象が起きているということが話題に上り、それはどうやら由々しき問題であるという報道を、目に耳にすることが多い。

しかし、個人的には全くそう思っていない。むしろ最近の日本は「空前の理科ブーム到来、キター」とすら思う。どこかで誰かが指摘していたことだが、今話題の「理科離れ」は「進学及び職業選択における理系分野志望が減少している」現象であって、決して「理科（すなわち自然科学）への興味、関心が失われている」ということではないように思う。

現在の日本や世界各国のような、高度な情報化社会にあって、あるいは昨今の「自然科学分野の研究成果のアウトリーチ」に対する意識の高まり（あるいは研究費を出すパトロン側からの圧力の高まり）もあって、これほどまでに高度な自然科学の研究分野の成果が、リアルタイムで頻繁に社会に発信されている時代というのは、ソクラテスやプラトンが生きていた古代アテネ以来ではないかとすら思える（もちろん古代アテネがどうだったかについて本当はよく知らないが、街中の至るところで暑苦しい哲学者が「無知の知」とか自分の思い付いたばかりの最新の思想を誰彼構わず吹聴しまくっていたというイメージだけで書いてしまった）。

本書の校正の最終段階のころ、宇宙航空開発機構（ＪＡＸＡ）の金星探査機「あかつき」の惑星軌道突入の失敗が報道されていた。

その瞬間は、普段科学に携わっていないと思われる多くの一般の人々が、JAXAのツイッターやホームページ、記者会見に釘付けになり、その成否を見守っていた。それは小惑星探査機「はやぶさ」が地球に帰還する際の一種の社会現象でも見られた。

また規模は違うかもしれないが、私が所属する海洋研究開発機構（JAMSTEC）の運航する地球深部探査船「ちきゅう」の研究掘削航海も日々、ツイッターやホームページを通じて、多くの一般の人々がほぼリアルタイムでその研究現場の様子や雰囲気を感じることができるようになってきた。

私の学生時代、つまり研究室に配属されて論文や学術誌を読むようになる以前、自然科学の成果を知る機会は、わずかな科学情報誌を除けば、ほとんどテレビのニュースや新聞記事のみであった。実際、ノーベル賞の受賞以外に大きく報道されることもなかったように思う。そう考えると、今の日本の社会は、空前の「理科ブーム」到来と感じられる。

さらに２０１０年12月には、米航空宇宙局（NASA）が「地球外生命体の証拠の探索に影響を与えるであろう、宇宙生物学上の発見」と題した記者会見予告を世界に向けて発信し、12月２日の記者会見本番は、ウェブの生中継を見ようと世界中の人が殺到した。

日本でも普段科学と関係しない多くの人が朝4時という時間にかかわらず、ウェブ中継を視聴した。その成果は「地球外生命（エイリアン）の発見」ではなく、「地球の生物の常識を打ち破るリンの代わりにヒ素を使って生きる地球微生物の発見」であった。

もちろん「エイリアン存在の公式発表」でなかったことに対する短絡的でネガティブな反応も多かったが、予想以上に「リンの代わりにヒ素を使うことができる生命体」に対する科学的な評価を、研究者でない人々が発信していたことに驚いた。

たまたま私が、関連するような極限環境微生物の研究を行っていること、自ら宇宙生物学者とも標榜していること、そしてその科学的発見に衝撃を受けたこともあって、新聞社へのコメントを出す以外に自身の研究グループのホームページに論文の解説を掲載したところ、非常に多くの反響があった。

またその宇宙生物学的発見の論文が発表されてわずか数日以内に、多くの疑問や批判がウェブ上に発信されたこともあり、日経サイエンス２０１１年2月号に解説記事を書いた（押し売り的ではあったが）。研究内容についての記述はそちらを参照していただくとして、私が最も伝えたかった私見も省略されずに掲載された。それは、ＮＡＳＡの一連の成果発表が、「古い常識の打破と新しい知の創造という科学が最も光り輝く瞬間の衝撃や興奮、そしてそこから始まる次なる知への躍動感」を全世界にリアルタイムに発信するものであり、それはノーベル賞を遥かに超える価値がある「科学の面白さを知らしめる大事件」であったということである。

本書は、まさに「古い常識の打破と新しい知の創造という科学が最も光り輝く瞬間の衝撃や興奮、そしてそこから始まる次なる知への躍動感」に溢れる研究の今を伝えたいという思いで書いた。

これまで「科学の価値は唯一科学論文のみで評価されるべき」という、ある意味、科学論文原理主義者的な立場にいた私は、「生命はなぜ地球に誕生したか」というお題目について、国際専門総説誌に投稿するつもりはあっても、本を書くつもりはなかった。

実際、いくつか誘いを受けたことはあったが、「地球と生命の誕生と初期進化」について背景、歴史、知識、情報を無味乾燥的にわかりやすく解説することには興味がなかったので、ずっと断っていた。しかし幻冬舎編集者の高部真人さんから「普通の新書ではなく、面白いモノを自由に書いてほしい」という誘いを受けた時、「書いてみたい」と思ってしまったのだ。

それは、私自身が研究者人生を歩み始めるきっかけともなった、「この生命に溢れる希有な惑星地球において、どのように生命が誕生し、その存続、繁栄、進化の基盤を創り上げたのか？」に挑む、研究者の生き様やその研究の衝撃や興奮、躍動感を、その渦中にいる現役の研究者として伝えたいと思ったからである。

魅力的な研究者というモノは、目の前にある科学的命題が根源的であればあるほど、難問であればあるほど、その輝きを放つのである。そしてその輝きは、同じ土俵で闘っている現役の研究者でないと伝えられないモノがあると思うからだ。

「生命の起源」や「地球や生命の初期進化」あるいは「宇宙における生命存在の可能性」などの研究は、それが解き明かされたとしても、実際に社会に役立つモノでも、我々の生活を便利にするモノではない。

それゆえ、そのような研究を継続的に推進することは、現在の日本や世界の国々の社会情勢の中で困難な状況にありつつある。しかしそれら命題は、人間を人間たらしめるモノ、アダムが善悪の木の実を食べるに至らしめたモノであり、かつパンドラが箱を開けるに至らしめたモノ、すなわち未知に対する人間の好奇心の根源的な欲求に基づく、人類共通の興味対象である。

いかに状況が困難であっても、挑まなければならない研究であり、これまでも多くの独創的な天才や英才、奇人・変人が輝きを放ってきた。そして、これからも続いていかねばならない。そのほんの一助になればいいなと思ったのが、本書を書きたいと思った理由である。

新書であるにもかかわらず、できるだけ面白く書きたいという私のわがままやヘンな文章をかなり受け入れてくれた幻冬舎編集者の高部真人さんには深く感謝したい。

また本書を書き進めるに当たって、実際よく理解できていないところも多く、気持ちが折れそうになったことも度々あった。そんな時、海洋研究開発機構（JAMSTEC）プレカンブリアンエコシステムラボのメンバーや国内の多くの研究者が懇切丁寧に教えてくれたおかげで、本書を何とか完成させることができた。本書を通じて彼らの輝きを知ってもらえたら幸いである。

最後に、気楽に寝転がって書いたような雰囲気を醸し出しているが、実は筆が進まず泣き言ばかり言っていた私を励ましてくれた、私の妻と母親にまず本書を贈りたいと思う。

2011年1月

高井研

参考文献

第1章

●Corliss,J.B. et al.(1979)Science 203, 1073.
●Spiess FN et al.(1980)Science 207, 1421.
●Humphris SE et al. edited(1995)Geophysical Monograph 91, AGU.
●Christie DM et al. edited(2006)Geophysical Monograph 166, AGU.
●Wilcock WD et al. edited(2004)Geophysical Monograph 144, AGU.
●藤倉克則ら(2008)『潜水調査船が観た深海生物——深海生物研究の現在』東海大学出版会
●シンディ・ヴァン・ドーヴァー(1997)『深海の庭園』草思社

第2章

●P・ウルムシュナイダー(2008)『宇宙生物学入門——惑星・生命・文明の起源』シュプリンガー・ジャパン
●Froude DO et al.(1983)Nature 304, 616.
●Compston W & Pidgeon RT(1986)Nature 321, 766.
●Watson EB & Harrison TM(2005)Science 308, 841.

●川上紳一、東條文治(2006)『図解入門 最新地球史がよくわかる本』秀和システム
●Bowring SA & Williams IS(1999)Contrib. Mineral Petrol. 134, 3.
●Whitehouse et al.(2001)Contrib. Mineral Petrol. 141, 248.
●Roedder E(1981)Nature 293, 459.
●Komiya et al.(1999)J. Geol.107, 515.
●Nishizawa et al.(2005)Int. Geol. Rev. 47, 952.
●Schopf JW.(1993)Science 260, 640.
●Schopf JW et al.(2007)Precambrian Res. 158, 141.
●Ueno Y et al.(2001)Int. Geol. Rev. 43, 196.
●Ueno Y et al.(2002)Geochim. Cosmochim. Acta 66, 1257.
●Ueno Y et al.(2006)Nature 440, 516.
●Ueno Y et al.(2008)Geochim. Cosmochim. Acta 72, 5675.
●Ueno Y et al.(2009)Proc. Natl. Acad. Sci. USA 106, 14784.
●Shen YA et al.(2001)Nature 410, 77.
●Farquhar J et al.(2000)Science 289, 756.
●Philippot P et al.(2007)Science 317, 1534.
●Detmers J et al.(2001)Appl. Environ. Microbiol. 67, 888.
●酒井均、松久幸敬(1996)『安定同位体地球化学』東京大学出版会
●J・ヘフス(2007)『同位体地球化学の基礎』シュプリンガー・ジャパン
●Takai K et al.(2008)Proc. Natl. Acad. Sci. USA 105, 10949.

第3章

●Ruiz-Mirazo K et al.(2004)Orig. Life Evol. Biosph. 34, 323.
●Oliver JD & Perry RS(2006)Orig. Life Evol. Biosph. 36, 515.
●小林憲正(２００８)『アストロバイオロジー』岩波書店
●Takano Y et al.(2007)Earth Planet. Sci. Lett. 254, 106.
●丸山茂徳、ビック・ベーカー、ジェームス・ドーム(２００８)『火星の生命と大地46億年』講談社
●J・L・カーシュビンク、B・P・ワイス(２００３)「地学雑誌」１１２号１８７頁
●Miller SL(1953)Science 117, 528.
●Miller SL & Urey HC(1959)Science 130, 245.
●Wachtershauser G(1988)Syst. Appl. Microbiol. 10, 207.
●Wachtershauser G(1988)Proc. Natl. Acad. Sci. USA 87, 200.
●Furukawa Y et al.(2009)Nat. Geosci. 2, 62.
●Furukawa Y et al.(2007)Earth Planet. Sci. Lett. 258, 543.
●Ohara S et al.(2007)Orig. Life Evol. Biosph. 37, 215.
●中沢弘基(２００６)『生命の起源・地球が書いたシナリオ』新日本出版社
●柳川弘志(１９９１)『生命はいかに創られたか』TBSブリタニカ
●Imai E et al.(1999)Science 283, 831.
●Ogasawara H et al.(2000)Orig. Life Evol. Biosph. 30, 519.

●Furuuchi R et al.(2005)Orig. Life Evol. Biosph. 35, 333.
●Pavlov AA et al.(2000)J. Geophys. Res. 105, 11981.
●Pavlov AA et al.(2001)Geology 29, 1003.
●Tian F et al.(2005)Science 308, 1014.
●Shaw GH(2008)Chem. Erde-Geochem. 68, 235.
●Brandes JA et al.(1998)Nature 395, 365.

第4章

●ロブ・ダン(2009)『アリの背中に乗った甲虫を探して』ウェッジ
●Woese CR, Fox GE(1977)J. Mol. Evol. 10, 1.
●Woese CR, Fox GE(1977)Proc. Natl. Acad. Sci. USA 74, 5088.
●Boussau B et al.(2008)Nature 456, 942.
●Stetter KO(2006)Philos. Trans. Royal Soc. London Biol. Sci. 361, 1837.
●Stetter KO(2006)Extremophiles 10, 357.
●大島泰郎(1995)『生命は熱水から始まった』東京化学同人
●Shimizu H et al.(2007)J. Mol. Biol. 369, 1060.
●Miyazaki J et al.(2001)J. Biochem. 129, 777.
●Benner S(2008)Nature 452, 692.
●Hutchinoson CA et al.(1999)Science 286, 2165

- Koonin EV et al.(2003)Nat. Rev. Microbiol. 1, 127.
- Westphal SP(2003)New Sci. 180, 8.
- Doerr A(2010)Nat. Methods 7, 37.

第5章、第6章

- McCollom TM & Shock, EL(1997)Geochim. Cosmochim. Acta 61, 4375.
- Holm N edited(1992)Marine Hydrothermal Systems and the Origin of Life:
- Report of SCOR Working Goup 91, Kluwer Academic.
- 中村謙太郎、高井研(2009)「地学雑誌」118号1083頁
- 高井研ら(2007)「生物の科学 遺伝」61号28頁
- De Duve C(2002)Perspect. Biol. Med. 45, 1.
- Russell MJ et al.(1988)Nature 336, 117.
- Cairnssmith AG et al.(1992)Orig. Life Evol. Biosph. 22, 16.
- Martin W & Russell MJ(2007)Philos. Trans.
- Royal Soc. London Biol. Sci. 362, 1887.
- Martin W et al.(2008)Nat. Rev. Microbiol. 6, 805.
- Ferry JG & House CH(2006)Mol. Biol. Evol. 23, 1286.
- Van Dover CL et al.(2001)Science 294, 818.
- Takai K et al.(2004)Extremophiles 8, 269.

● Kelley DS et al. (2001) Nature 412, 145.
● Kelley DS et al. (2005) Science 307, 1428.
● Takai K et al. (2006) Paleontological Res. 10, 269.
● Kumagai H et al. (2008) Geofluid 8, 239.
● Nakamura K et al. (2009) Earth Planet. Sci. Lett. 280, 128.
● Morishita T et al. (2009) J. Petrol. 50, 1299.
● Yoshizaki M et al. (2009) Geochem. J. 43, e17.

幻冬舎新書 197

生命はなぜ生まれたのか
地球生物の起源の謎に迫る

二〇一一年一月三十日　第一刷発行
二〇一一年七月二十日　第四刷発行

著者　高井　研

発行人　見城　徹
編集人　志儀保博
発行所　株式会社　幻冬舎
〒一五一-〇〇五一　東京都渋谷区千駄ヶ谷四-九-七
電話　〇三-五四一一-六二一一（編集）
〇三-五四一一-六二二二（営業）
振替　〇〇一二〇-八-七六七六四三
ブックデザイン　鈴木成一デザイン室
印刷・製本所　株式会社　光邦

Printed in Japan　ISBN978-4-344-98198-0 C0295
た-7-1